好主人勝過好獸醫

高齡犬照護指南

監修／小林豐和
Grace動物醫院院長

楓書坊

前言

此刻正在閱讀本書的您，也是一位邂逅了愛犬，一同度過了快樂的時光後，開始不得不思考如何道別的飼主吧。

狗狗老去的速度比人類快上許多，或許光是想像愛犬年齡增長一事，就令人感到不安；或許看到愛犬逐漸衰老的身影，便令人感到悲傷。當愛犬開始需要照護時，飼主也會彷彿看不見未來，進而疲憊不堪吧？儘管如此，有些事情還是必須事先了解清楚，才能夠與愛犬一起度過幸福的日子。

近年來，狗狗的平均壽命延長了，中小型犬為15歲，大型犬則為10歲。這都多虧了飲食品質提升、生活環境改善，以及獸醫醫療的進步。因此，該如何面對愛犬身體機能衰退與疾病的照護，也變得更加重要了。

現在人們開始重視寵物的健康壽命，致力於提升生活品質（ＱＯＬ）。健康壽命指的是寵物不需要照護的期間，而生活品質則是指寵物的生活充實度。本書將重點放在「照護」時期，也就是狗狗罹患會降低生活品質的疾病，一直到告別時刻的這段期間，並且搭配飼主應從幼犬時期就該養成習慣的注意事項，加以解說高齡犬照護、疾病警訊與迎接生命終期的方式。

另外，也希望各位能夠了解ＱＯＬ with Dog，意思就是「與愛犬在一起就是飼主的幸福」。期許各位能夠透過本書，減輕愛犬迎來生命終期時的不安、悲傷與疲憊感，和愛犬一起過著充滿笑容的日子。

無論是剛飼養愛犬的人、正和愛犬過著快樂生活的人，還是必須與愛犬道別的人，如果本書能夠在您與愛犬的快樂生活中貢獻一份心力，我將深感榮幸。

守護狗狗健康的10大約定

1 了解狗狗過完一生的速度，比人類快上5倍

中小型犬在10歲以後就邁入高齡期，大型犬則從7歲開始，請珍惜和我們相處的時光吧（P18）。

2 請定期到動物醫院接受健康檢查

1年要帶我們去動物醫院檢查兩次，每天也要在家裡檢查我們的身體狀況喔（P30）。

3 飲水量增加時，可能是生病了

我喝很多水的時候，你可能覺得我很健康，但有時候多喝水反而是生病的徵兆喔（P70）。

4 排泄物健康與否的測量標準

我1天沒尿尿，或是3天沒便便的話，就要立刻帶我去醫院喔（P74、76）。

5 體重出現變化時，可能是生病了

我的體重突然增加或減少，都有可能是生病了，要立刻帶我去看醫生喔（P82）。

6 仔細觀察狗狗走路的模樣

當我拖著腳走路，或是頭部上下擺動時，都可能是關節生病了（P86、88）。
所以要從我平常的樣子中找出異狀喔！

7 從平常的接觸中摸出腫塊

要溫柔地摸摸我、幫我梳毛跟洗澡喔！
如果發現奇怪的腫塊時，要立刻帶我去看醫生（P94）。

8 狗狗做出與年輕時不同的舉動，也要溫柔接納

當我變得長壽時，就有可能罹患失智症。
或許我會讓你很辛苦，但還是希望你多陪陪我、照顧我喔（P106、108、110）。

9 決定治療方針前，先仔細聆聽醫生的說明

希望你可以憑著自己的想法，決定怎麼治療我（P124）。
如果是常去的醫院沒辦法醫的病，也可以找找看比較特殊的醫院喔（P126）。

10 當狗狗生命的最後一刻到來時，請溫柔守護牠

我踏上這段旅程，不是為了讓你難過。
請笑著陪我到最後一刻喔（P143）。

目錄

前言……002

守護狗狗健康的10大約定……004

第1章 狗狗的一生……013

014 狗狗因老化而改變的身體機能
016 生命終期的治療該做到什麼程度？
018 認識狗狗的平均壽命
020 因環境而異的狗狗壽命
022 思索狗狗的生活品質
024 開始「照護」的時期
026 專欄1 不會對身體造成負擔的減重

第2章 自宅安寧照護……027

028 何謂「自宅安寧照護」
030 不可輕忽每天的體況檢查
032 打造出無障礙的舒適居住環境
034 依季節而異的體況管理
036 健康管理從飲食開始下工夫
038 日常飲食發揮巧思，提升滿足感
040 讓狗狗飲用新鮮的水

042 幫助狗狗排泄
044 藉洗澡做好清潔管理
046 守護健康的基本照顧
047 臉部周邊要經常清潔
048 散步要配合狗狗的步調
050 藉適度運動維持身體機能
052 狗狗看家時要做足準備
054 當狗狗獨自在家時
055 必要時也可以交給照護設施
056 專欄2 適合高齡犬身體的食材

第3章 生病的警訊……057
058 就診警訊① 沒有精神
060 就診警訊② 黑眼球的顏色變了
062 就診警訊③ 白眼球或可視黏膜的顏色變了
064 就診警訊④ 分泌眼屎
066 就診警訊⑤ 流鼻水
068 就診警訊⑥ 流鼻血
070 就診警訊⑦ 大量飲水、大量排尿
072 就診警訊⑧ 掉毛
074 就診警訊⑨ 排尿異常
076 就診警訊⑩ 排便異常
078 就診警訊⑪ 咳嗽
080 就診警訊⑫ 呼吸困難

082 就診警訊⑬ 體重急遽增減
084 就診警訊⑭ 腹部隆起
086 就診警訊⑮ 走路方式有異
088 就診警訊⑯ 背部疼痛
090 就診警訊⑰ 肛門出現異狀
091 番外篇 各犬種容易罹患的疾病
092 專欄3 高齡犬的廁所訓練

第4章 迎接生命終期的狗狗：常見症狀與照護……093

094 面對疾病① 體表腫瘤的應對方法
096 面對疾病② 關節疾病的應對方法
098 面對疾病③ 消化系統疾病的應對方法
100 面對疾病④ 循環系統與呼吸系統疾病的應對方法
102 面對疾病⑤ 泌尿系統疾病的應對方法
104 面對疾病⑥ 生殖器疾病的應對方法
106 狗狗做出與年輕時不同的舉動時
108 認識狗狗失智症
110 狗狗罹患失智症時的應對方法
112 狗狗臥病時① 打造出能夠安心的環境

114 狗狗臥病時② 每日照護，預防褥瘡
116 狗狗臥病時③ 排泄照護
118 「生命終期」時選擇醫院的方式
120 帶狗狗看醫生不再困難
122 狗狗必須住院時
124 認識治療的選項
126 設備更完善的動物醫院
128 投藥的基本① 錠劑
129 投藥的基本② 藥水
130 投藥的基本③ 眼藥水
131 投藥的基本④ 皮下輸液
132 狗狗的醫療費非常昂貴？
133 考慮寵物保險
134 專欄4 善用復健設施

第5章 狗狗臨終前後能為牠做的事情……145

136 照護的心理準備① 陪伴愛犬走完最後一程
137 照護的心理準備② 「等死」的煎熬
138 生命即將結束的訊號
140 安樂死也是一種選擇
142 在醫院迎來生命最後一刻時

珍惜照護的光陰 143
將愛犬的遺體打理得乾乾淨淨 144
用葬禮送走愛犬 146
專欄5 高齡犬美容 148

第6章 治癒心靈痛苦……149

走出喪失寵物症候群的方法 150
緩解痛苦的方式 152
回憶與愛犬共度的幸福時光 153

附錄

今天的體況紀錄……154
高齡犬標準值數據……156
後記……158

第 1 章

狗狗的一生

狗狗因老化而改變的身體機能

狗狗攝取的熱量中，有70%左右是因為基礎代謝而消耗掉。由於高齡犬的基礎代謝降低，因此不減少熱量攝取的話容易發胖。

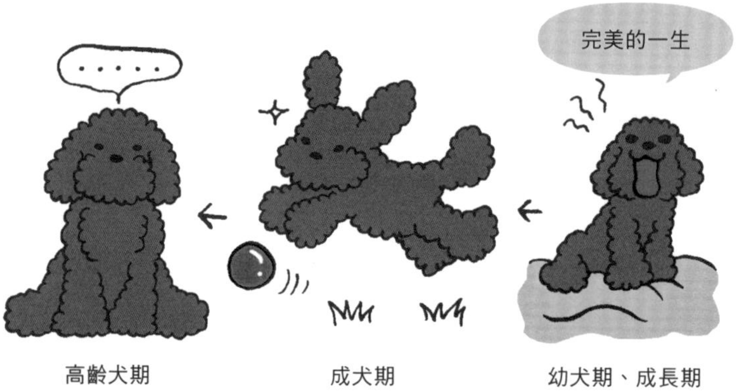

活動量與體型都會一點一滴產生變化

狗狗的身體會隨著年齡增長，出現各式各樣的衰老狀態。飼主應該特別留意的身體變化，包含了五感與肌肉衰退、唾液與胃液等分泌物減少，以及關節炎增加等，平常必須多加留意和照顧，才能夠延長狗狗的健康壽命。很多人看到高齡犬不愛動時，往往會歸咎於年紀，但也有可能是因為髖關節或膝蓋骨疼痛所造成，而這些症狀都是可以透過治療改善的。不過，生活習慣造成的文明病卻難以透過外觀發現，因此請讓狗狗定期接受健康檢查吧。

免疫機能衰退

高齡犬的免疫機能會衰退，容易感染或是長出腫瘤，且消化機能也會變差，所以要特別留意腹瀉與便秘的狀況。

1
記錄狗狗的健康狀態

必須先記好狗狗健康時的狀態，才不會忽視小小的變化。所以平時要養成檢查狗狗健康狀態的習慣，留意牠們的眼睛與口腔內部顏色、體表狀態和走路方式等（P30）。發現異狀後立刻拍照或錄影，將有助於獸醫診斷。

2
避免狗狗肥胖

肥胖會引發心臟病或關節炎等疾病。高齡犬有易胖的傾向，因此飲食上應特別留意。

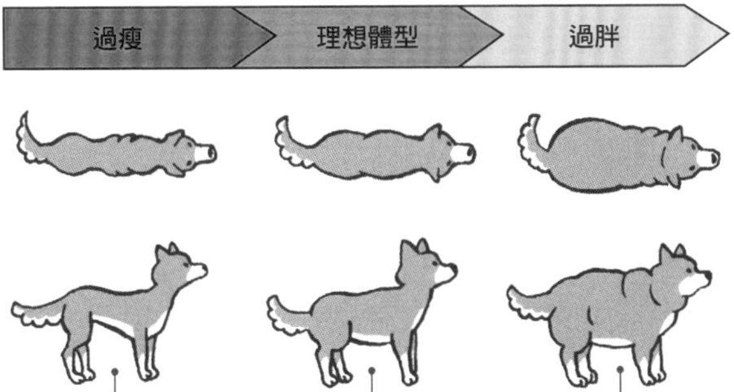

腹部凹陷，可輕易摸到肋骨，外觀也看得見骨骼線條。

腰部有曲線，且肋骨受到些許脂肪覆蓋。

腹部突出，摸不到肋骨，從側面看會看見背部隆起。

3
維持肌肉量

包括人類在內，肌肉量過低都會影響身體機能，進而縮短壽命。所以飼主應選擇適合高齡犬的運動（例如增加散步次數，同時縮短每次散步的時間），藉以維持適度的肌肉量。

保護狗狗的腰腿

雖然散步很重要，但是高齡犬的身體機能衰退，所以散步前要先在家中陪狗狗玩一會兒，做好暖身。

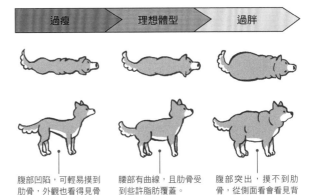

生命終期的治療該做到什麼程度？

就算只是小鎮上的動物醫院，也擁有相當充實的醫療設備。有些設施還設有電腦斷層掃描與MRI等，能夠提供與人類同等精密的檢查。

蒐集必要資訊才能做出不後悔的決定

近年來，愈來愈多飼主希望為寵物提供更充足的醫療。現代的動物醫療進步，也能夠提供更多元化的治療方式，因此飼主若想要做出不會後悔的選擇，「知情同意※（informed consent）」就顯得格外重要。為了愛犬著想，請仔細確認治療方針的優缺點，最好能夠找其他獸醫師尋求其他不同的意見，並與全家人慎重討論，以期做出不會後悔的決定。

※指飼主聽完醫師充足的說明，經過討論後才同意。

1
選擇能夠負擔的治療

想要在不勉強自身情況下持續治療與照護，就必須從「勞力」、「時間」與「治療費」中找出平衡點。選擇治療方式時，也應盡量減輕對狗狗造成的負擔。

整理條件

列出狗狗、飼主、家人、金錢，以及時間等因素，不僅有利於全盤思考，還有助於整理資訊。

2
也可以選擇更精密的醫療方式

現在狗狗也能像人類一樣，接受電腦斷層掃描、MRI與放射線治療等更精密的醫療，治療的選項也更加多元化。所以飼主應仔細聆聽醫生的說明，才能夠選出最好的方法。

盡量諮詢

面對狗狗生病需要照護，或是迎來生命終期的情況，飼主難免會感到不安。這時不妨找醫生諮詢，光是排解疑惑就有助於整理情緒。

3
可以暫時從治療或照護中喘一口氣

請各位不要獨自承擔照顧高齡犬的壓力。飼主本身也需要輕鬆休息的時間，有時可以將狗狗寄放在熟悉的動物醫院，或是委託友人或寵物保母照顧一下。

實在沒辦法照顧時

原則上，高齡犬照護最好在家中進行，但是難免會因為不得已的因素而無法在家中照顧狗狗，這時也可以選擇專門照護病犬的機構（P55）。

認識狗狗的平均壽命

現今狗狗與人類一樣，正往高齡化邁進。這都多虧了飼主投注的愛與醫療進步，狗狗才能夠如此長壽。

大型犬：拉布拉多犬、黃金獵犬、愛爾蘭雪達犬、秋田犬、德國牧羊犬、阿富汗獵犬等。
中型犬：柴犬、威爾斯柯基犬、米格魯、鬥牛犬、英國可卡犬、邊境牧羊犬等。
小型犬：貴賓犬、吉娃娃、臘腸犬、約克夏、西施犬、博美犬、巴哥犬、蝴蝶犬等。

中小型犬平均壽命15歲 大型犬為10歲

隨著動物醫療進步、飲食與飼養環境改善，狗狗的壽命相較以往已經大幅延長。現代中小型犬的平均壽命約為15歲，大型犬則為10歲左右。

中小型犬大約從10歲開始老化，大型犬則從7歲左右開始。不過實際情況會依犬種與個體而異，所以這裡先介紹「狗狗與人類的年齡換算表」（P19）。飼主如果希望從狗狗開始老化至迎接生命終期的期間，都能夠活得很有精神（＝延長健康壽命），就必須重視平常的照顧。

狗狗與人類的年齡換算表

中小型犬超過10歲、大型犬超過7歲時，就應開始思考生命終期的照護。

生命階段	換算成人類的年齡	狗狗年齡	
		中小型犬	大型犬
幼犬期、成長期 好奇心旺盛的時期，會從雙親與兄弟姊妹身上學到狗狗社會的規則。在6個月時將迎來性成熟期，此時就可以考慮結紮。	1歲	0～1個月	0～3個月
	5歲	2～3個月	
	9歲	6個月	6～9個月
	13歲	9個月	1歲
成犬期 精力與體力都很旺盛的時期，每年應接受1次健康檢查。有些犬種在這個年紀會開始出現遺傳性疾病的症狀。	15歲	1歲	
	24歲	2歲	2歲
	28歲	3歲	3歲
	32歲	4歲	4歲
	36歲	5歲	
	40歲	6歲	5歲
熟齡犬期 身體機能開始衰退，且容易發胖，應每年接受兩次健康檢查。	44歲	7歲	
	48歲	8歲	6歲
	52歲	9歲	7歲（老年期）
高齡犬期 容易罹患各種疾病的時期，這時中小型犬與大型犬都進入「老年期」，體況容易失調。這個年紀的狗狗容易整天躺著，因此飼主不能輕忽牠們的狀況，要極力避免環境變化或是讓狗狗單獨看家，並打造出安全的居住環境。	56歲	10歲（老年期）	
	60歲	11歲	8歲
	64歲	12歲	
	68歲	13歲	9歲
	72歲	14歲	
	76歲	15歲（平均壽命）	10歲（平均壽命）
	80歲	16歲	
	84歲	17歲	11歲
	88歲	18歲	12歲
	92歲	19歲	
	96歲	20歲	13歲

因環境而異的狗狗壽命

狗狗常見的死因為心臟病、腎臟病與腫瘤，這些可以說是長壽才特別容易出現的疾病。

預防壓力與免疫力降低即能夠養出長壽犬

以前很多狗狗都死於絲蟲病或傳染病，現在則可以透過驅蟲藥與預防針，降低狗狗的罹病機率。因此，想要讓狗狗健康快樂，就必須貫徹日常的預防工作。

而到了現代，狗狗的主要死因是心臟病、腎臟病與腫瘤，原因包括體質、遺傳、免疫力下降與飲食等。而飼主所能夠辦到的，就是為狗狗準備壓力較小的環境，並努力預防狗狗的免疫力下降。所以請各位不妨參考第2章，儘早為狗狗打造出一個舒適環境吧。

1 影響壽命的壓力

精神壓力不僅會對狗狗心靈造成負擔，同樣也會影響牠們的壽命。所以應從飼養環境與相處方式等，盡量減少對狗狗造成的精神壓力。

飲食也要留意

飲食也與壓力息息相關。雖然營養均衡很重要，但是也應撒些狗狗喜歡的零食（P38）等，讓狗狗吃得更開心。

2 預防粗心造成的意外

狗狗在室內時，飼主必須特別留意骨折與誤食等問題。有些狗狗會因為眼睛疾病而經常碰撞物體，所以必須為牠們清理生活中的障礙物。而狗狗在室外時，則應繫好牽繩才能夠預防走失與交通意外。目前也有法律與條例，要求飼主必須在公共場所繫好狗狗的牽繩。

防止狗狗跌倒

狗狗在木地板上容易滑倒，因此應鋪上軟木墊或有彈性的地墊，預防意外發生。

養在室外會短命嗎？

如果能維持冬暖夏涼，做好環境清潔，提供營養的食物，狗狗即使養在室外也沒有理由會短命。

3 讓狗狗安穩的環境

不管將狗狗養在室內還是室外，都應該為牠們提供安穩的環境，這裡建議可設在不會人來人往的靜謐空間。另外，也要為牠們準備能夠自由活動的空間。

「看門」會對狗狗造成壓力

將狗狗養在門邊，讓牠們頻繁看見陌生人，也可能對牠們造成壓力。這時就必須另外準備讓牠們放鬆的地方，才能夠緩解狗狗的壓力。

思索狗狗的生活品質

認識「QOL with Dog」，讓狗狗與人們都能夠幸福生活。

狗狗迎接生命終期
只要膩在一起就很幸福

談到生活品質（QOL）時，飼主往往容易以狗狗為中心來思考。但是高齡犬的照護與治療可能會是長期抗戰，所以飼主不能犧牲自己的需求，才能夠長期持續努力下去。這樣的思維，就是「QOL with Dog」，也就是人類要與狗狗一起幸福生活的想法。對狗狗來說，飼主的笑容會讓牠們更有精神。所以，在狗狗生命中最後一段旅程上，飼主如果希望能夠與以往一樣幸福，就必須兼顧彼此的QOL。

出現異狀是正常的

以高齡犬的年紀，身體時常出現某些異狀是正常的。不過，這時要留意別讓愛犬失去自信。

1 尊重狗狗的個性

請拋開先入為主的觀念，仔細觀察愛犬想做的事與喜歡的事物。飼主也必須在各方面多下點工夫，例如當狗狗不能行走時，不妨試試看輪椅，另外也可以縮短散步的時間，配合狗狗的步伐慢慢走。

緩和照護的意思

緩和照護，指的是優先緩和現有症狀。假設狗狗罹患了肺癌，緩和照護的目標就不是治癒肺癌，而是要讓狗狗呼吸輕鬆一點，或是改善脫水問題等。

2 選擇治療方案時也要思考QOL

治療疾病的方案五花八門，有時也能夠搭配緩和照護。所以請仔細諮詢醫生，了解治療或住院期間，是否能在自宅治療等資訊。

飼主能做的事

最理解狗狗的就是長年相伴的飼主。所以飼主與醫生討論狗狗的體況與變化後，應該憑自己的想法選擇照護方案。

找醫生商量

對高齡犬的照護感到不安時，不妨找熟悉的醫生商量，否則飼主不安的心情也容易影響到狗狗。

3 有的時候也要讓狗狗忍耐

照護期間，飼主也要適度休息，不能過於勉強自己。所以飼主應與狗狗建立互相理解的默契，有時就算會對狗狗造成些許負擔，也應讓狗狗「稍微忍耐一下」。

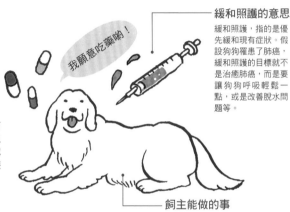

開始「照護」的時期

這裡指的照護，是在狗狗罹患會降低生活品質的疾病時，幫助狗狗過得更舒適的照顧。

一旦確診疾病便是照護時期的開始

狗

狗每年都應該到動物醫院注射狂犬病疫苗，尤其當狗狗超過7歲時，飼主更應把握注射疫苗的機會，及早發現狗狗是否患有疾病。早期發現，就能夠儘早治療可痊癒的疾病；而文明病雖然難以根治，但是仍然能夠透過治療，延長健康壽命。人類的健康壽命，指的是罹病後還能夠獨立生活的期間，狗狗亦同。所以發現牠們罹患會影響生活品質的疾病時，就應該治療與照護雙管齊下。

1 從年齡判斷狀態

狗狗體況開始受老化影響的年齡，依個體而異，所以請按照愛犬的狀況判斷吧！儘管希望狗狗永遠年輕有活力，但是牠們的年齡仍然會不斷增長，飼主必須接受牠們老化的事實。

接受狗狗的老化

每隻狗狗老化的情況都不同，所以正確了解愛犬的狀態，是幫助牠延長健康壽命的訣竅。

2 藉由健康檢查及早發現

狗狗過7歲後，每年應接受兩次健康檢查。由於狗狗的生命階段進展比人類快，將頻率換算到人類身上，等同於2～3年一次健康檢查。不僅如此，狗狗的疾病進展也很快，所以飼主應需特別留意。

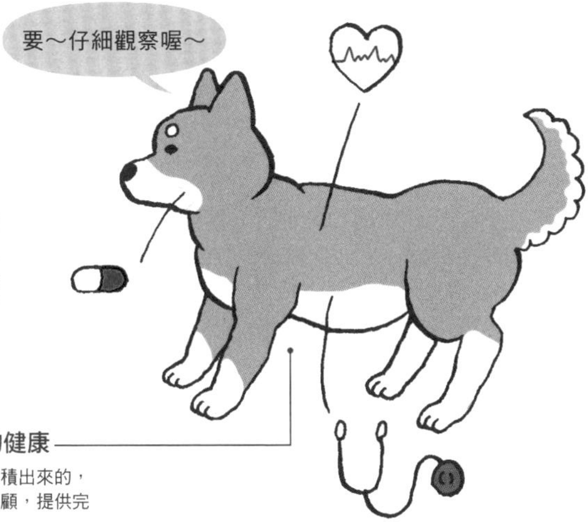

從日常生活守護狗狗的健康

狗狗的健康是從日常生活中累積出來的，所以飼主必須確實留心日常照顧，提供完善的飲食，避免狗狗過胖等。

3 高齡犬生病時目標是維持現況

在狗狗中高齡時發現罹病，目標通常是維持現況而非根治。請各位務必了解，高齡犬生病是正常現象，只要學會與疾病和平相處，就能夠做好照護工作。

身上出現的警訊

狗狗的毛、體型、四肢與尾巴等各個身體部位，都會出現老化的警訊，像是掉毛量增加、白毛、被毛失去光澤、背部變圓、肌肉量下降、四肢或尾巴無力、尾巴搖晃次數變少等等。

COLUMN

1 不會對身體造成負擔的減重

肥胖是「百病根源」，尤其體力隨著老化下降的高齡犬更容易肥胖，所以飼主必須特別留意。當然，從狗狗年輕時就要做好體重管理，不過必須減重時，仍應該避免對狗狗的身體造成負擔。

以1個月減輕5％的體重作為減重目標，較不會造成狗狗的負擔，但也不能一口氣減掉這個量。讓狗狗花上3～6個月減至目標體重，才可以稱作「不會造成負擔的減重」。減重時，不光只是重視飲食的熱量，也必須把一天的餵食次數分成3～6次，藉由少量多餐來降低熱量吸收率。此外，用餐前也可以配合狗狗的體況，適度地運動。

這裡還要提醒飼主們特別留意體重的單位。人們減重時，都會以1公斤為單位，但是狗狗不同。舉例來說，體重50公斤的人減掉1公斤，其實相當於體重5公斤的狗狗減掉100克。因此管理狗狗的體重時，應以50～100克為單位。除此之外，許多人會以減少餵食量來降低狗狗攝取的熱量，但是為了兼顧熱量與營養，其實應該改變食材並維持原有的餵食量，同時也要想辦法讓狗狗吃得美味、吃得開心。

第 2 章

自宅安寧照護

何謂「自宅安寧照護」

飼主應視高齡犬的體況，調整飼養方式。
照護時期，必須想辦法維持身體剩下的機能。

整頓適當環境以維持生活品質

中高齡犬所罹患的疾病，通常都是身體機能會逐漸降低的慢性疾病（請見第4章）。這些疾病往往難以根治，必須與疾病和平相處，努力維持剩下的身體機能。有些症狀可能得限制狗狗的飲食與運動，所以飼主必須與醫生仔細討論。只要整頓好環境，並適度協助狗狗的動作，就能夠維持愛犬的生活品質。因此請飼主事先做好準備，才能夠讓狗狗在自宅的照護生活中過得幸福快樂。

1 食物與飲水上下足工夫

飼主應按照狗狗的年齡與體況，提供適當的食物，在餵食次數與方法上也應多發揮巧思（P36）。飲水除了保持新鮮之外，也要擺在狗狗容易喝到的位置，建議擺在有一點高度的平台上。

沒辦法站著進食時

可將飼料放在手上，湊到狗狗嘴邊餵食；飲水則可裝入注射器或醬料罐後餵食。

2 配合體況調整運動內容

狗狗罹患心臟病後，每個階段對運動的限制不同；若是罹患椎間盤突出，也會有段期間必須完全靜養。因此飼主應向醫生確認適當的運動量與方法。

生病靜養後

度過完全靜養的期間後，就可以詢問醫生意見，讓狗狗從事不會對身體造成負擔的少量運動。

每天都要顧及飲食與運動

運動量不足，且飲食營養不均衡時，會使狗狗的肌力短時間大幅降低。兩者都不會在短時間內產生影響，所以日常就要多加留心。

3 舒適的睡床帶來好眠

高齡犬的睡眠時間會拉長，所以應準備緩衝性能高的睡床，同時也要留意睡床所在之處的環境溫度（P34）。

保持睡床清潔

睡床沾到毛、唾液或皮脂等，便容易滋生細菌，所以應經常清潔、替換。

不可輕忽每天的體況檢查

想要及早發現疾病，不僅每年要前往動物醫院健康檢查兩次，飼主平常也得在自宅勤加確認狗狗的狀況。

「體溫」「食慾」「外觀」都是例行確認事項

想要及時發現狗狗的不對勁，就不能錯放任何細微的變化，其中最重要的就是體溫，因為身體不適特別容易反映在體溫上。很多傳染病的初期，體溫都會上升；心臟或血液循環急遽變差或是嚴重脫水時，體溫便會下降。狗耳朵根部沒有長毛的地方，比較方便飼主確認體溫，只要觸碰這個位置就能確認狗狗的體溫。此外，飼主平常也應觀察狗狗全身的狀況，例如是否有食慾、是否有喝水等等。

掌握變化

每天的體況檢視表

狗狗出現任何一個症狀時，要立刻帶去看醫生。

- [ ] 不愛動→ P58
- [ ] 耳根冰涼／火燙→ P59
- [ ] 黑眼球或白眼球的顏色出現變化→ P60・62
- [ ] 流鼻水或鼻血→ P66・68
- [ ] 頻繁飲水與排尿→ P70
- [ ] 出現左右對稱的掉毛→ P72
- [ ] 1天以上沒有排尿→ P74
- [ ] 3天以上沒有排便→ P76
- [ ] 排泄物的顏色與氣味出現變化→ P74・76
- [ ] 呼吸困難→ P80
- [ ] 體重在1個月內增加／減少5%→ P82
- [ ] 走路怪怪的→ P86
- [ ] 1天不進食→ P98

打造出無障礙的舒適居住環境

狗狗視力衰退後，應盡量避免改變家具的配置，才能讓狗狗過得安全又安心。

配合高齡犬居家做好意外防範

狗

狗上了年紀之後，體力與腰腿都會逐年衰退，所以飼主應打理出能夠安心生活的環境。另外，狗狗失智症發作時，可能會做出與年輕時不同的行為，例如茫然地四處走動，這時候就必須做好預防措施，避免牠們不小心滑倒、摔倒或碰撞。就算只是很小的地板高低差，也可能使狗狗發生意外。因此飼主應該全力配合狗狗的需求，盡可能提供舒適環境，並事先做好防範意外的準備。

安全又安心的房間打造方法

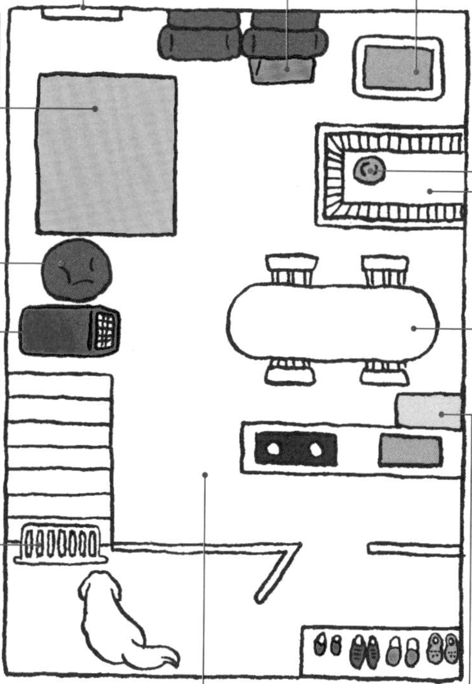

做好室內溫度管理

高齡犬的體溫調節功能較弱，所以飼主必須適時打開空調，維持舒適的室內溫度※（P34）。

注意低溫燙傷

高齡犬的五感較遲鈍，而且這個年紀的狗狗容易躺著不動，長時間接觸電熱毯時有可能造成低溫燙傷。所以建議盡量維持溫暖室溫，並降低電熱毯的溫度。

舒適放鬆的空間

建議將狗狗睡覺的地方設在易於管理室溫，且飼主容易發現異狀的空間。這個空間的各種素材，也建議挑選易於擦拭髒汙的材質，才能夠保持乾淨。

打造出能夠安心休息的場所

請為高齡犬設置不被打擾、能夠安心待著的場所。讓狗狗從幼犬時期就習慣待在外出籠裡，就能夠將外出籠打造成可安心休息的場所。

樓梯前要設置門欄

即使狗狗年輕時很擅長在樓梯跑上跑下，但當牠們肌力衰退時，就有摔倒的危險，所以應在樓梯前設置門欄等，避免狗狗爬樓梯。

選擇不會滑的地板材質

地板應選擇軟木墊或具緩衝功能的材質，才能夠減少對狗狗腰腿造成的負擔。但要避免挑選圈毛狀的地毯，否則狗狗的爪子容易勾到。

沙發應擺設斜坡

沙發等與地面有高低落差的地方，不只會對肌力衰退的狗狗造成身體負擔，還有跌倒的風險，所以應鋪設斜坡，以利狗狗行動。

讓狗狗能夠在室內排泄

狗狗上了年紀後，排泄次數會增加。即使是原本都在室外排泄的狗狗，到了這個年紀也應盡量讓牠們在室內排泄，彼此才能夠安心（P43）。

餐具要重視穩定性

餐具擺在固定位置，且要做好防滑工作。另外也可搭配狗狗專用餐桌，讓狗狗能夠吃得輕鬆。

看家時要放進圍欄中

即使是讓狗狗短時間看家，或是飼主雖在家中、卻會短時間看不見狗狗時，都應該將狗狗放進圍欄中，如此一來也比較安全。

家具邊角做好保護措施

家具的邊角等突出處應做好保護措施等，讓狗狗就算撞到也不會受傷。

使用附蓋垃圾桶避免狗狗誤食

狗狗因為失智症使行為有變時，就可能發生至今沒遇過的情況。建議可事先為垃圾桶加蓋，避免狗狗不小心誤食了。

※意指不會太熱、也不會太冷的溫度。

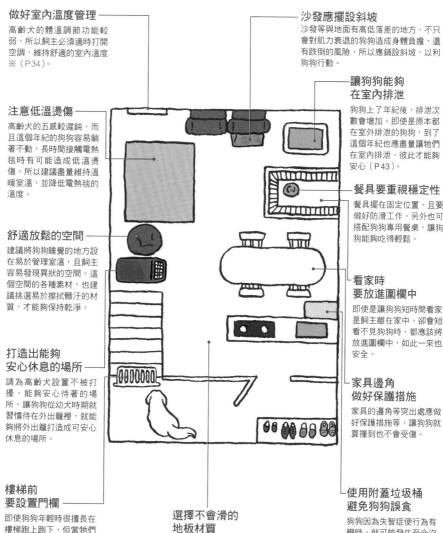

依季節而異的體況管理

狗狗覺得舒適的溫度，比人類感受到的低一點。
所以必須事前理解狗狗的感覺與人類是不同的。

高齡犬較不容易察覺溫度的變化

飼主可以善用空調，對抗夏日酷暑與冬日嚴寒。由於高齡犬的體溫調節機能會隨著老化而衰退，所以建議在夏季時將空調設定約25～26度，冬季則設為22～23度左右。不過，即使將空調設成上述溫度，也無法讓房間各個角落都維持一樣的溫度，所以也應該在狗狗常待的地方設置溫度計，方便隨時確認溫度。此外，冬季也要注意乾燥問題，需要時也應擺上加溼器等，將溼度控制在50％左右。

1

七成中暑案例都發生在家中

中暑不只發生在夏日，也會發生在冬日的暖氣房內或沖澡時；如果狗狗有呼吸系統方面的疾病，也比較容易中暑。所以飼主平常應多為狗狗留意溫度與溼度。

洗澡時的重點

洗澡水溫應控制在32～33度左右，且不要用指甲抓洗，應用按摩般的方式以指腹搓揉。

2

冬季時要注意低溫燙傷

狗狗身上覆蓋著被毛，且皮膚構造也與人類不同，因此就算發生低溫燙傷，飼主也難以從外表注意到。如果發現狗狗疑似低溫燙傷時，請立刻沖水冷卻狗狗的患部，接著立刻帶往動物醫院。

家裡沒人時

炎炎夏日卻必須讓狗狗看家時，應拉上遮光簾、打開空調，避免讓室溫過高。

※因空調新舊機型不同，請務必留意電器使用安全。

只鋪「一半」

在圍欄中鋪上電熱毯時，不要鋪滿狗狗的活動空間，只要鋪一半就好，這樣狗狗覺得熱時就能夠離開。

3

冬夏之際應將養在戶外的狗狗帶進家中

狗狗的體力會隨著老化或疾病而衰退，而冬夏兩季的戶外氣溫又格外嚴峻。因此平常將狗狗養在戶外時，也應在冬夏來臨時將牠們帶進室內，方便做好溫度管理。

減輕負擔

冬夏時，應將平常都養在戶外的狗狗帶到玄關，減輕炎夏與寒冬對身體造成的負擔。

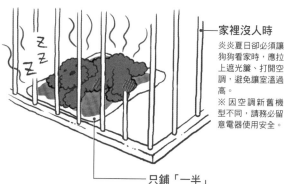

在平常的飼料裡多加點水，或是改成溼食，
都可以幫助高齡犬更輕易入口。

健康管理從飲食開始下工夫

考量高齡犬的狀態飲食上多下點工夫

將狗狗的餵食量與次數要改為少量多餐，除了有助於減輕對腸胃的負擔之外，這樣的飲食管理長期來說，也有各方面的好處。由於高齡犬的消化功能變差，當一餐吃不多的時候，只要將必要的分量分成數次餵食，就能夠讓狗狗攝取必要的營養。

除此之外，採取少量多餐的飲食管理方式，還能夠降低卡路里的攝取量，也可以預防肥胖。

1

一天飲食分成3～5次

將狗狗一天的飲食分成3～5次餵食，一次只餵一些些。由於高齡犬的唾液分泌量減少，吞嚥食物的能力衰退，所以也可以倒入與飼料等量的水，幫助狗狗吞嚥。

預防胃部疾病

獵犬種、聖伯納犬等大型犬以及臘腸犬等品種，會隨著年齡增長而提高罹患胃擴張與胃扭轉的風險，採取少量多餐能夠預防疾病發生。

AM 7:30
AM 10:00
PM 2:00
PM 5:00
PM 8:00

2

專用餐桌與地墊讓飲食更輕鬆

當狗狗的進食速度變慢時，請準備專用餐桌，讓狗狗能夠以更輕鬆的姿勢進食。專用餐桌能夠減輕對頸部與腰腿的負擔，讓吞嚥能力變差的高齡犬也能方便進食。但是要按照狗狗的體型調整高度，讓狗狗能夠維持站立姿勢，稍微低頭進食；如果地板較滑，也可以鋪上地墊。

好吃好吃。

專用餐桌的高度

狗狗專用餐桌的尺寸與材質依品牌而異，價格從數百到數千元都有。

3

食慾衰退或是難以吞嚥時

當狗狗的食慾衰退，可能會漸漸不想吃碗盤上的飼料，這時飼主要幫助狗狗進食。若當狗狗無法吞嚥，則應將飼料泡軟，裝進美乃滋瓶等容器中餵食。

慎選容器

飼主可以購買專用的注射型餵食器，也可以選擇柔軟的擠壓瓶容器，後者用來裝食物的開口較大，使用起來較方便。

日常飲食發揮巧思，提升滿足感

一天所需的熱量，有八成都靠飼料補充，剩下的兩成就另外選擇對身體有益的鮮食吧。

滿足用餐的樂趣

狗

狗原本的用餐方式，就是咬碎獵物的肉與骨頭吞下肚。飼主希望愛犬的牙齒健康且食慾旺盛的話，有時也要給予較具嚼勁的食物，而且這類需要多花點時間咬食的食物，也能夠為狗狗帶來滿足感。

當狗狗的咀嚼能力隨著疾病或老化而衰退時，可以將食物處理得又小又軟，讓狗狗可以直接吞下，也可以將食物稍微加溫，有助於激發狗狗的食欲。飼主平常應多發揮巧思，讓狗狗能夠吃得更開心。

1
優質的肉與魚攝取蛋白質

高齡犬需要優質的蛋白質，所以有時也應給予雞胸肉或紅肉，餵食量控制在一天所需熱量的兩成即可。此外，飼料淋上湯汁也能夠讓狗狗大快朵頤。但是狗狗的腎臟功能較差時，應該事先與醫師商量飲食內容。

肉類與魚肉的調理

肉應切成適合一口吃的大小，並以偏多的水量煮至熟透，擺在飼料上面；若有剩餘的就冷凍保存。魚肉則應在加熱後去除骨頭，或是直接使用壓力鍋調理。

2
蔬菜愈細愈好

狗狗的身體比較不容易消化蔬菜，所以餵食蔬菜前應先切碎，再煮到幾乎溶進湯裡。另外也很推薦將蔬菜打成泥。就算只吃少許蔬菜，也有助於狗狗攝取維他命與礦物質。

也要留意關節保健

芋頭與秋葵中含有保養關節的成分，可以將煮熟後的芋泥或切碎的秋葵，當成關節保健食品加在飼料上。

3
維持體重的同時也要滿足飲食的樂趣

狗狗可能因為身體狀況連飼料都吃不了，進而消瘦。這時應兼顧營養均衡與飲食樂趣，改為手作鮮食也是可行的選項之一。

煮成湯汁更易入喉

將切丁豆腐倒入熱水裡煮，接著倒入打散的蛋汁，製成湯汁後再淋在飼料上。加入湯汁能夠讓高齡犬更易入喉。

讓狗狗飲用新鮮的水

對高齡犬來說，水分的攝取與飲食一樣重要，
請讓狗狗隨時都能夠喝到水吧。

容易脫水的高齡犬也要以少量多次飲水

高齡犬由於腎臟機能衰退，身體保水能力變差，比較容易脫水。而且狗狗身體一次能夠吸收的水量很少，與相同體重的人類相比，大約只有人體的三分之一。因此當狗狗的飲水量變少時，就應想盡辦法引導狗狗多喝水。不過，一口氣喝太多水也可能造成軟便，所以高齡犬的飲水應與飲食一樣，都要採用少量多次的方式。另外，狗狗的飲水量會受到運動量與戶外氣溫大幅影響，所以飼主應視當天的狀況，來調節供水量。

1 讓狗狗飲水更輕鬆

高齡犬容易因不方便行動而懶洋洋的，飲水量自然也跟著降低。所以飼主應在狗狗的活動範圍附近擺設水碗或供水器等，讓牠們能夠自由飲水。

也可選擇供水器

有些狗狗專用供水器可以裝在圍欄上，甚或具備測量飲水量的功能，相當方便。

2 無法自行喝水時就使用滴管

狗狗無法自行喝水時，可以使用滴管、注射器或美乃滋瓶等，讓狗狗趴著或橫躺，由飼主一手撐住狗狗的頸部，一手將餵水容器伸入狗狗嘴角，緩緩地餵水。

規律餵水

當狗狗無法自行飲水時，應在起床時、用餐後與午睡起來時等時段餵水，養成有規律的餵水習慣。

3 為水加料守住飲水量

狗狗飲水量少時，可以用瘦肉煮湯，再倒入拌有少許牛奶的水。將食物打成如鹹粥般，有助於增添狗狗的水分攝取量。

高齡犬的口腔比較乾燥

唾液分泌量減少，口腔就會比較乾燥，食物也會變得較難吞嚥。

幫助狗狗排泄

狗狗的排泄物狀態與次數與平常不同時，就應儘早帶去看醫生。

藉排泄物狀態確認健康狀況

排泄物的狀態會隨著食物與運動量而異，所以飼主平常應多加觀察狗狗糞便的「硬度」、「顏色」與「氣味」。狗狗的運動量降低時，腸胃蠕動會跟著變差，進而容易引起便秘。一旦發現狗狗便秘時，飼主就應積極引導牠攝取水分。平常勤加確認排泄物的狀態，也是掌握狗狗體況的一大重點。

另外，飼主也應仔細觀察狗狗排便的模樣，看到牠排泄有困難時，就應幫忙托住牠的身體。

主人的協助
讓我好安心。

1 幫助狗狗站穩

狗狗的腰腿力量衰弱時，難以自行站穩。如果狗狗在協助下能夠站穩的話，飼主就應用雙手好好撐住狗狗的身體。

從後方托住腰部

要協助排泄時，飼主應從狗狗的後方托住腰部，並引導狗狗不要忍耐排泄。

2 也要確認排尿狀態

狗狗在尿墊排尿後，飼主應仔細觀察「顏色」與「氣味」。帶狗狗到戶外排尿時，只要鋪上白色的衛生紙等，就能夠輕易確認了。

接下來睡個覺吧！

尿液的顏色

尿液顏色呈淡黃色時，代表健康，呈紅、橙或褐色時，就有可能罹患各種疾病了。請參考P74～77，確認狗狗的排泄物狀態。

3 習慣在戶外排泄的狗狗要逐漸學會使用尿墊

高齡犬的排尿次數會增加，所以讓狗狗學會在家中排泄，牠也會比較安心。試著在尿墊上沾上狗狗的尿液，狗狗就會慢慢學會在上面排尿。

噓……
真是好幫手。
唰——!!

利用人工草皮讓狗狗認識廁所

可將觸感與戶外地面相似的人工草皮鋪在尿墊上，能夠讓訓練更加順利（P92）。

只要沐浴乳不會刺激狗狗的皮膚，就可以繼續使用慣用的產品，但要盡量挑選香味不強的類型。

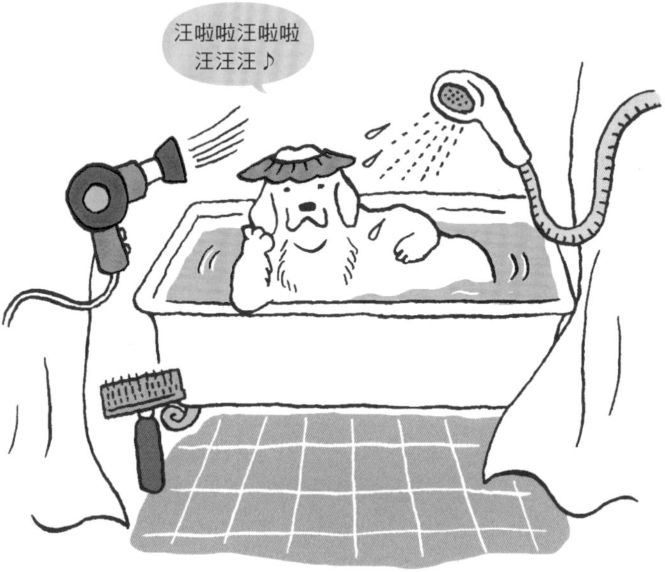

藉洗澡做好清潔管理

幫狗狗洗澡是發現異狀的重要時機

除非狗狗本身患有皮膚病，不然將全身上下清洗乾淨的理想頻率為每個月1～2次。由於狗狗的皮膚比人類敏感，如果洗澡次數過於頻繁，會洗掉必要的皮膚表面脂肪，引發皮膚乾燥等問題。而當狗狗罹患皮膚病時，更應該遵照醫師指示幫狗狗洗澡。

當狗狗為長毛種的時候，飼主必須在洗澡前將毛球梳開。另外，當狗狗的腰腿力量較弱時，洗澡時應該格外小心打滑的問題。

需要保養的雙層毛狗狗

雙層毛指的是被毛分成上層毛與底層毛，擁有這種被毛的常見犬種為柴犬、黃金獵犬、吉娃娃與柯基。

1 藉由梳毛維持被毛健康

雙層毛的狗狗在老化後，換毛期脫落的被毛容易留在身上，所以飼主必須幫狗狗梳毛以維持被毛健康。橡膠梳兼有按摩效果，但有時會梳掉過多的被毛；至於針梳在飼主不熟悉的情況下，可能會傷及狗狗的皮膚。因此請事前與醫師商量，按照狗狗的身體選擇適合的梳子吧。另外，梳毛也有助於飼主發現狗狗體表的腫瘤（P94）。

2 不會對狗狗造成負擔的熱水與吹風機

狗狗的皮膚比人類敏感，所以適合的熱水溫度為32～33℃左右，比人類低一些。使用吹風機時，則應調為冷風，將被毛仔細吹乾，若是使用熱風則應拿遠一點，避免燙傷。

清潔第一

飼主定期為狗狗梳毛與洗澡，做好皮膚與嘴巴一帶的保養，有助於預防病原菌感染。

3 按照狗狗狀態可採局部清洗

狗狗體力衰退時，就連洗澡都可能對牠們造成負擔，這時只要謹慎清潔臀部周邊等容易髒汙的部位即可。

地板鋪設浴墊

洗澡時，由於浴室相當溼滑，事先鋪上浴墊會比較安心。

守護健康的基本照顧

1 用毛巾擦拭

狗狗因為生病而不適合洗澡時，可以先用熱水沾溼毛巾，擦拭狗狗身上的髒汙。擦拭時，讓狗狗保持不會造成負擔的姿勢，擦拭前也應做好梳毛工作。

主人把我擦得好乾淨，真開心～

口鼻、肛門與生殖器又稱為「天然孔」，這些部位特別敏感易髒，所以平常可以使用乾洗劑清潔。

2 散步量變少時要剪趾甲

狗狗散步量減少的話，爪子就會變長。爪子太長就容易勾到東西，導致狗狗受傷。此外，腳底的毛也會使狗狗容易打滑，太長時也應剃乾淨。如果是不喜歡剪趾甲的大型犬，就請人幫忙一起剪吧。

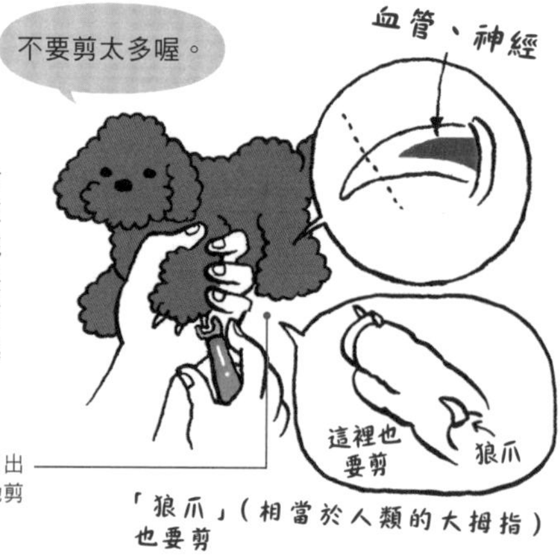
不要剪太多喔。
血管、神經
這裡也要剪
狼爪
「狼爪」（相當於人類的大拇指）也要剪

狗狗的手內側會長出「狼爪」，必須小心地剪去前端部份。

3 擠肛門腺

狗狗活動機會減少時，肛門腺就容易堆積分泌物，所以飼主應定期幫狗狗擠肛門腺。擠的時候，應用面紙等擋住，避免分泌物射出或是沾到狗狗的肛門與被毛；如果沒辦法順利擠肛門腺，不妨求助動物醫院。

不要盯著那邊看啦～

讓狗狗保持站姿，飼主一手抬起狗狗的尾巴，另一手伸出食指與大拇指，抵在8點鐘與4點鐘位置，由下往上擠壓。

臉部周邊要經常清潔

1 讓狗狗習慣刷牙

飼主必須讓狗狗從小就習慣刷牙。訓練時可以先觸碰狗狗的嘴巴一帶，等牠們習慣後，再以纏著紗布的食指清潔狗狗的牙齒。狗狗習慣這些動作，就可以改用專門的牙刷。

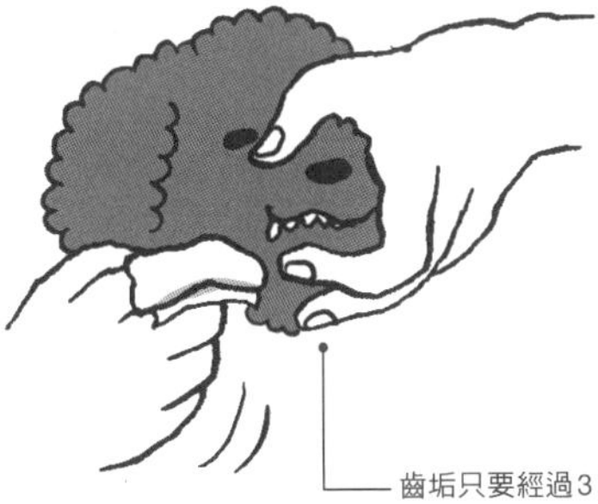

齒垢只要經過3天就會變成牙結石，一旦長出牙結石就不是刷牙能夠解決的了，所以飼主必須養成每天幫狗狗刷牙的習慣。

2 把耳垢清乾淨

飼主用紗布沾取熱水或專用洗耳液，纏在手指上，將手指碰觸得到的範圍都輕輕擦乾淨。清耳朵時勿使用棉花棒，避免將汙垢推得更深入。

※若狗狗表現出不舒服的模樣，請立即求助獸醫等專業人士喔！

清耳垢之前，應先檢查耳朵內部，若出現異味或腫脹等異狀時，應先諮詢醫生。

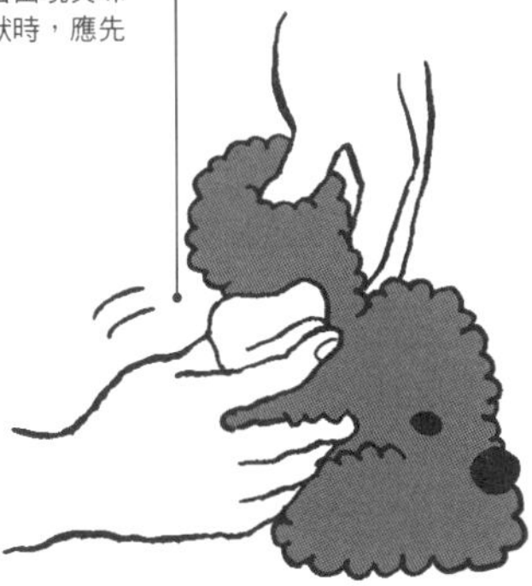

3 清除眼屎等眼睛一帶的汙垢

狗狗剛睡醒時會有較多眼屎，散步時也可能受到風的刺激而分泌大量淚液。因此看到狗狗的眼睛出現汙垢時，應拿毛巾或溼紙巾等，在汙垢硬掉前清理乾淨。

發現白眼球有充血、黃疸，或是黑眼球混濁時，應立刻帶狗狗去看醫生。

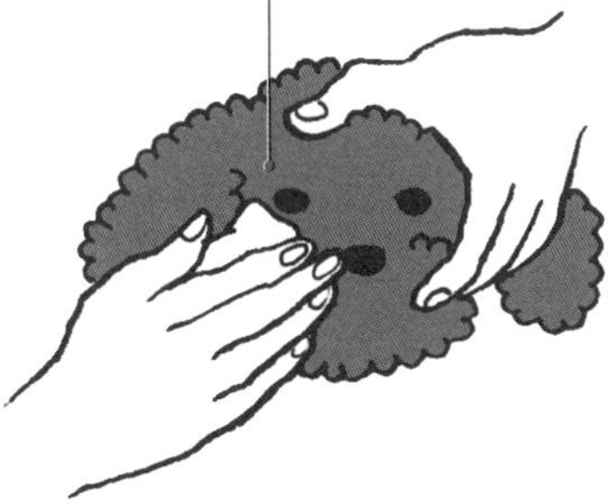

散步要配合狗狗的步調

適度的散步，有助於消除壓力、延緩老化。

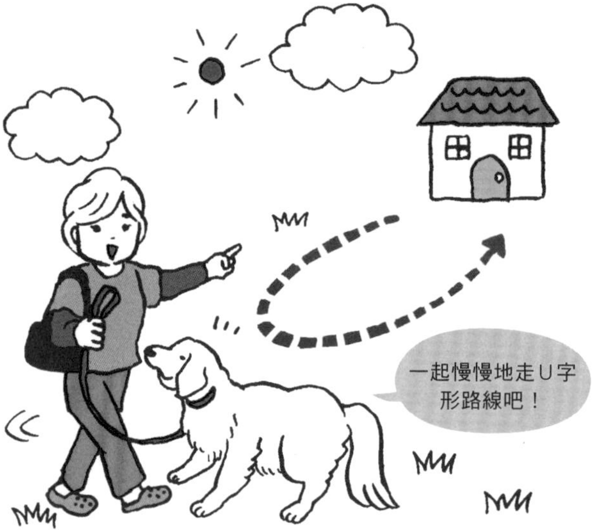

強度適中的散步有助於維持身體機能

高齡犬還能夠自行走路時，飼主應配合狗狗的狀態，在散步方面多花費工夫。高齡犬的肌力比年輕時差，腰腿力量也較弱。原本的散步量為一天兩次，每次1小時的話，在狗狗上了年紀時就應增加次數，並縮短每次的時間，例如改分成4次、每次30分鐘。外出散步不僅具有運動的功效，還能夠轉換心情，適度刺激腦部。狗狗還跑得動時，也可以讓牠們稍微跑跑看；跑不動的話，就陪狗狗一起慢慢走，絕對不能勉強牠們。

1

散步之前
要先做好暖身

關節會隨著老化變硬，直接去散步的話會對身體造成負擔。所以散步前要在狗狗不排斥的範圍下，緩緩轉動、伸縮牠們的四肢。

藉由散步
保持生活規律

晨間藉由散步來運動，晚間散步則可讓狗狗睡得更香甜。養成這樣的習慣，就能夠讓狗狗保有規律的生活。

2

要注意
走路方法與呼吸

狗狗的身體因為關節炎疼痛，或是心肺功能變差時，走路方式就會產生異狀，呼吸看起來也會很辛苦。所以散步時要經常觀察狗狗的模樣。

在安全場所散步

狗狗走路狀況不穩定時，在到達公園等安全場所之前，應將牠們放在推車上，或是由飼主抱著走。

3

狗狗在散步時
忽然走不動的話

狗狗因疼痛或不舒服，在中途停下不走時，飼主應立即將狗狗抱回家。這個情形代表狗狗可能生病了，所以也要立刻帶去看醫生。

急性病症發作時
應靜養

狗狗的關節炎可能會在飼主毫無察覺之下忽然發作。發作期間，應讓狗狗靜養一陣子，再按照醫生的指示重新開始運動。

狗狗會痛時，就應該避免運動，同時也要做好室內防滑工作，避免狗狗跌倒。

藉適度運動維持身體機能

狗狗走不動時依然可以接受外界刺激

就算狗狗走路有困難，但只要還能站得起來，飼主就應該幫助牠們保持站立的肌力，並盡量帶牠們出門看看。即使狗狗走不動了，外出對牠們來說仍然具有豐富的意義，例如感受各個季節的風、嗅聞戶外的氣味、曬曬日光，或是邂逅其他的狗狗。很多狗狗外出時，都會露出愉快的表情。所以請飼主配合狗狗的狀態，多下點工夫，幫助牠們外出吧。

1 使用輔具

可用來支撐狗狗身體的輔具，包括輪椅與支撐後腳的馬具等。選擇狗狗專用輪椅時，應與醫師討論，慎選符合狗狗狀況的款式。專用輪椅的價格依適用犬種與大小而異，約在新台幣3,000～10,000元左右。

雖然很慢，但我覺得可以走很久！

盡力不要讓狗狗整天躺著

想要避免狗狗整天躺著不動時，可以引導牠們短時間走路或站立。只要狗狗還能夠散步，就應配合牠們的步調慢慢走。

2 在家可以做的運動

將毛巾疊在地上製造出高低差，讓狗狗走上去就能夠鍛鍊肌力。另外，也應依狗狗的狀態，由飼主撐住狗狗的後腳加以協助。

悠哉散步的好天氣。

寵物推車應有適當的寬度

在狗狗到達公園等最喜歡的地方之前，應將牠們放在寵物推車上，抵達後再把牠們放在草地或地面上活動。建議選擇上方能夠蓋住的寵物推車款式，既安全又安心。寵物推車的價格依適用犬種與大小而異，約新台幣2,000～15,000元左右。

3 在專家指導之下使用平衡球等

有些運動療法會使用平衡球或平衡盤※等，可有效幫助狗狗維持肌肉量。這類運動對心臟造成的負擔小，即便是高齡犬也能夠安心進行。

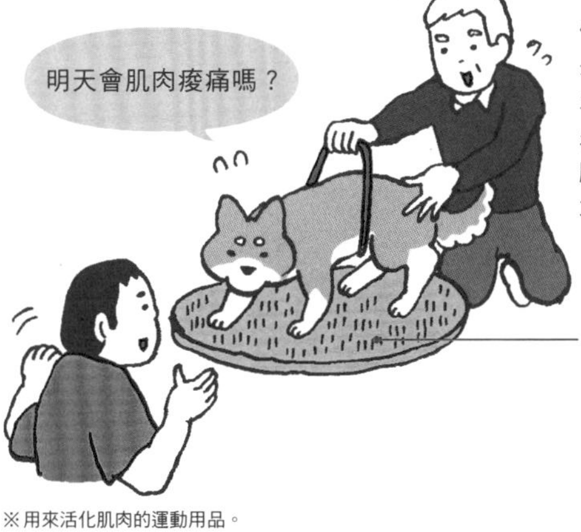
明天會肌肉痠痛嗎？

運動用品的種類

除了平衡板以外，可以幫助狗狗運動的道具還有中間有挖洞的甜甜圈造型、蛋型的運動用品等。每種運動用品都有各自的特徵，選購前不妨諮詢專家。

※用來活化肌肉的運動用品。

狗狗看家時要做足準備

狗狗還可以自己行動、排泄與用餐時，最多可讓牠們看家兩天一夜。但是成行前，仍應先找了解狗狗狀態的醫生商量。

回到家之後立刻檢查狗狗的狀態

飼主因工作等要事而不得不讓狗狗獨自看家時，因為狗狗還能自己行動，不曉得會在這段期間做出什麼事情，所以飼主應在出門前先整頓出安全的環境，避免狗狗看家時發生危險。尤其是高齡犬，會面臨更多的危險，像是不小心誤吞不該吃的東西，腰腿較虛弱時可能會滑倒，甚至可能在有高低差之處跌落。因此飼主回家後，要立刻仔細檢查狗狗排泄物的狀態與體況。

1
事先確認水與食物

自行看家的狗狗可能不小心弄倒水與食物，所以要選擇不易翻倒的容器。飼主回到家時，也應立刻檢查狗狗攝取了多少水分與食物。

口渴就沒辦法
看家了。

夏天要格外留意飲水

狗狗在夏天時沒水喝的話，很容易出現脫水症狀，所以飼主出門前應準備比平常還多的水。

2
溫度管理很重要

善用空調，為狗狗活動的空間維持適當溫度（P34）。飼主也應該站在狗狗的角度來決定空調的溫度。

Pi
Pi
請幫我設定
舒服的溫度。

考慮狗狗睡床的位置

無論狗狗是不是獨自看家，飼主都應避免讓冷氣的風直吹狗狗的睡床。

一定要做最終確認

出門前30分鐘打開空調，在空調已經啟動的房間內活動一段時間，確認沒有誤按空調設定。

3
將狗狗放進圍欄內預防意外發生

狗狗可能因為肌力變差或失智症等，不小心擠進狹縫中卻出不來。為了預防狗狗自行看家時發生意外，飼主出門前應將狗狗放進圍欄裡。

也可以考慮照護設施

有時也要依據狗狗的狀態與飼主的生活考量，考慮是否將狗狗送到照護設施（P55）。

有帶伴手禮嗎？

當狗狗獨自在家時

1 避免長時間外出

狗狗需要照護時，體況不曉得會在什麼時候發生劇變，所以飼主應盡量避免外出；真要外出時，也應盡量縮短時間。

事前應找熟悉狗狗狀況的醫生商量，有些醫院也有提供白天住宿服務。

2 外出過夜1晚以上應尋求家人或是寵物保姆的協助

飼主和家人住在一起時，外出期間就可以請家人幫忙照顧；若飼主獨居的話，不妨委託經驗豐富的寵物保姆。

寵物保姆的費用依照顧內容、狗狗數量與時間而異。

3 裝設監視器守護狗狗

在房間內設置監視器，外出時就能夠用手機確認狀況了。不管外出的時間多短，設有監視器就能夠隨時確認狗狗的狀況，令人安心許多。

各品牌的監視器功能不盡相同，攝影畫面又可分成影片型或靜止影像，攝影機本身也有定點（固定）型或是可遠端操控鏡頭的類型。

必要時也可以交給照護設施

1
白天可將狗狗寄放在動物醫院

有些動物醫院提供日間住宿服務，因此如果獨居的飼主白天必須出門上班，可以考慮諮詢動物醫院，按照生活型態選擇適當的服務。

有些醫院提供短期住宿服務，飼主可事前上網查詢，或是直接諮詢醫生。

2
也有高齡犬安養設施

在日本，也有「高齡犬安養設施」，能夠幫助難以照顧高齡犬的飼主，處理狗狗的日常所需與照護。飼主應慎重確認設施的人員態度與費用等，多方判斷並找出合適的設施。高齡犬安養設施的費用依地區而異，一年約40萬～150萬日幣左右。

高齡犬安養之家又分成「都市型」與「郊區型」，前者易於探視但是收容數量較少，後者交通不便，但是收容數量多且狗狗的活動範圍大。

3
人犬一起入住的照護設施

有時可能是飼主本身必須接受照護，這時便可以選擇能夠帶寵物一起入住的設施。不過每間設施的入住限制不盡相同，像是狗狗大小的規定等，因此選擇時應仔細確認清楚。

有些設施除了收取飼主入住費用外，還會另收寵物管理費、餐費與醫療費等。實際情況依設施而異，必須事前確認清楚。

COLUMN

2 適合高齡犬身體的食材

狗狗的飲食生活會大幅影響牠們的健康與壽命，所以飼主應視狗狗的年齡與體況，選擇適當的食材。這裡特別推薦擁有下列4項優點的食材。

①維持肌肉量：擁有優質蛋白質的肉、魚與蛋。

②預防關節疼痛：軟骨的組成成分—葡萄糖胺（存在於甲殼類的殼之中）與軟骨素（納豆、海藻）。使用這些食材時，應盡量切碎，以利消化與吸收。

③改善腸胃蠕動：建議餵食蔬菜類與芋類，讓狗狗攝取膳食纖維，保持良好的腸內環境。

④抑制體內炎症反應，並促進腦部活化：含有不飽和脂肪酸的鯖魚、鮪魚與鰹魚等。

想要預防狗狗肥胖，就必須重視熱量的攝取與消耗，使兩者達到均衡。這時建議可選擇高蛋白低脂肪的雞胸肉、具有優質燃脂作用的羔羊肉、膳食纖維豐富的菇類，以及有整腸作用的豆腐等。善用這些食材，就能夠讓狗狗吃得健康又美味。

第 3 章

生病的警訊

就診警訊①

沒有精神

狗狗有些身體變化是慢慢發展的，使飼主以為是自然老化所致，但其實只要看到狗狗與平常不同，就應立刻帶去看醫生。

每天認真觀察才能在罹病初期發現

狗狗變得沒精神，正是許多疾病共同的初期症狀。狗狗可能是因為視力衰退或失明，才會害怕得不敢動；也有可能是眼睛、腹部與關節等處疼痛，所以維持著保護該處的姿勢；另外，也可能是腦部疾病的徵兆。能夠發現狗狗變得沒精神的，只有平常最了解愛犬的飼主，所以在狗狗用餐以及出門散步時，飼主隨時都要睜大眼睛，好好觀察。

昨天那神采奕奕的我！
今天這行動遲鈍的我……

1 並非任何症狀都可歸咎年齡

飼主千萬不能看到所有狀況，都認為狗狗是因為年紀大了，才會變得沉穩或是身體機能衰退，這些徵狀都有可能是可透過治療改善的疾病。所以一旦發現狗狗表現與以往不同時，就應及早帶去看醫生。

每年接受兩次健康檢查

疾病徵兆不一定會影響體力、食慾等明顯的表徵，有時也會出現內臟或骨骼衰退等從外觀看不出來的症狀。

2 體溫特別高或是特別低時

狗狗可能會因傳染病而發燒，或是因不舒適的環境而體溫降低。只要飼主每天認真觸摸狗狗，不但能夠掌握狗狗的正常體溫，還能夠藉此增進感情。

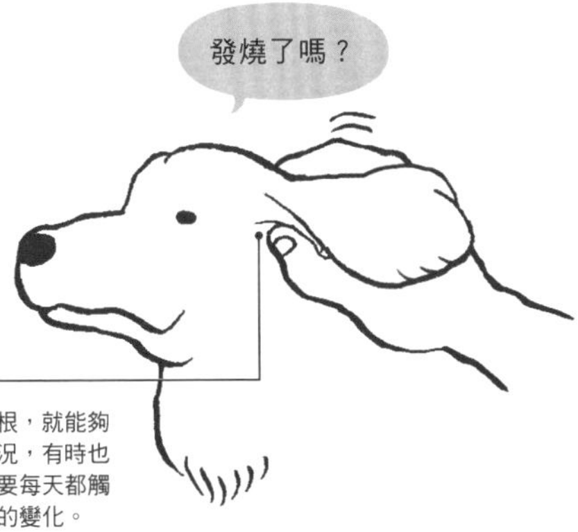
發燒了嗎？

摸耳根測體溫

飼主只要觸摸狗狗被毛較少的耳根，就能夠感受到體溫高低，根據狗狗的狀況，有時也需要直接帶去讓醫生量體溫。只要每天都觸摸狗狗，飼主就能夠注意到體溫的變化。

我不要去！

3 狗狗不想散步時

椎間盤突出或關節疾病的初期症狀就是不想走動。有時狗狗的行動，也會因為倦怠感而變得遲鈍。很多人都將這種狀況誤認為是單純的老化，但是當狗狗變得不愛動時，其實也是一種疾病警訊。

伴隨老化而增加的關節疾病

有些狗狗的關節形狀會因遺傳而有先天問題，有時則是軟骨量隨著老化減少，使關節疾病發作的機率愈來愈高。

狗狗的淚液分泌量減少，或是狀態有異時，
就容易罹患乾燥性角結膜炎（乾眼症）。

就診警訊②

黑眼球的顏色變了

務必養成習慣 隨時確認黑眼球

黑眼球中心的瞳孔，有個宛如鏡頭的構造，這便是所謂的水晶體。

水晶體會因為老化與疾病而變異，可能會對視力造成影響。當水晶體變得像霧面玻璃一樣混濁時，就稱為「核硬化」。這是老化所造成的現象，因此就像老年人的白髮與高齡犬的白毛一樣，是上了年紀的象徵。核硬化的發展速度緩慢，對視力的影響較小；但是與核硬化症狀相似的「白內障」，發展速度就很快，所以必須儘快帶狗狗去看醫生。

1

眼睛睜不太開時

當眼球或結膜發炎時，高齡犬很容易因此出現乾眼症。此外，當淚液分泌量減少或黏稠性降低時，都可能引發乾燥性角結膜炎（乾眼症）。

症狀為眼睛白濁

看到狗狗眼睛睜不太開時，應先確認黑眼球是否變得白濁。變得白濁時可能是角膜炎，飼主應立刻帶狗狗去看醫生。

2

瞳孔顏色變得混濁

當狗狗的瞳孔出現白色混濁感，像是覆蓋一層霜雪時，就是罹患了「白內障」。有時白內障是因為糖尿病等疾病的影響才發作，所以必須找出原因，才能對症下藥。當狗狗多喝多尿，或是正常進食卻仍消瘦時，就有可能是罹患了糖尿病。

症狀變得嚴重時

當狗狗的黑眼球變得白濁時，視力也會變差，撞到物體的機率就會增加。此外，若發現狗狗比以前更害怕聲響時，就可能是視力變差的警訊。

3

藉由補充花青素減緩惡化速度

藍莓中的花青素具有抗氧化作用，或可減緩白內障或水晶體核硬化的惡化速度，適合當成健康食品食用。

健康食品的種類

市面上販售許多狗狗專用的抗氧化健康食品，不過飼主也可以餵狗狗吃人類的健康食品，只是餵食前應留意是否有其他不適合的成分。

■容易罹患白內障的犬種：貴賓犬、臘腸犬、西施犬、馬爾濟斯、迷你雪納瑞、傑克羅素㹴、查理士小獵犬、法國鬥牛犬、米格魯、獵犬種等。
■容易罹患乾燥性角結膜炎的犬種：吉娃娃、西施犬、迷你雪納瑞、巴哥犬等。

就診警訊③

白眼球或可視黏膜的顏色變了

許多疾病的症狀都會反映在眼睛上，有時狗狗也會因視力衰退，而變得不愛動。

翻開眼皮可看出貧血或黃疸等異狀

狗　狗的眼睛與人類不同，比較不容易看見白眼球；如果不刻意翻開眼皮的話，也很難看到可視黏膜（可看見的黏膜）——眼睛的結膜。貧血與黃疸等身體各處的不適，都可能反映在眼皮內側的結膜上，所以飼主平常應經常掀開狗狗的眼皮，檢查結膜內側確認是否有異。顯現在眼睛的異狀，背後可能正潛藏著重大疾病，因此發現異狀有可能代表狗狗身上有某種疾病正在發展，應該立即帶狗狗去看醫生。

1
翻開眼瞼確認白眼球

飼主可以像扮鬼臉一樣，將狗狗的下眼瞼輕輕往下拉，確認白眼球與可視黏膜的顏色，看到白眼球充血時就是結膜炎的徵兆。這是肉眼便可以確認的徵兆，所以飼主應養成定期檢查的習慣。

視力衰退難以發現

只要家具配置沒有變動，很多狗狗就算失明了，也能像視力正常時一樣行動自如。因此飼主如果沒有站在狗狗的角度思考，就很難意識到牠們視力衰退了。

2
可視黏膜的顏色改變了

可視黏膜呈粉紅色就代表健康，而這裡要介紹三種常見的異狀——偏白的粉紅色代表貧血，混有黃色的粉紅色代表黃疸，呈紫色則代表發紺（Cyanosis）。

可能的疾病

黃疸通常源自肝臟疾病；發紺則代表狗狗的血液含氧量不足，可能是呼吸系統或是循環系統出問題了。

眼壓上升

只要觸碰狗狗的上眼皮，就能夠察覺到眼壓上升的現象。因此發現狗狗有一眼特別腫時，就要特別留意。

3
眼睛似乎會痛

罹患青光眼時，眼壓會上升，因此患病初期狗狗看起來會眼睛痛，也會沒有精神。及早帶狗狗去看醫生，就有機會預防失明。

■容易罹患青光眼的犬種：吉娃娃、西施犬、柴犬與米格魯等。

香菸、公園的草與過敏源等，都可能對眼睛造成刺激，所以飼主應特別小心，別讓狗狗靠近這些物質。

就診警訊④

分泌眼屎

對傳染病的抵抗力與自淨作用都會變差

眼睛在日常生活中會遭遇各式各樣的刺激。狗狗上了年紀後，眼睛自然會因為自我保護能力衰退而容易發炎；再加上抵抗力變差，容易罹患傳染病，也會造成角膜或結膜發炎。因此當飼主看見狗狗不斷眨眼睛或是眼屎增加時，就應懷疑狗狗的眼睛是否發炎了。

此外，高齡犬保持身體清潔的自淨能力降低，也是造成慢性角膜炎或結膜炎的元凶之一。所以飼主平常應多加檢查狗狗的眼睛，確認眼睛周遭是否有分泌物。

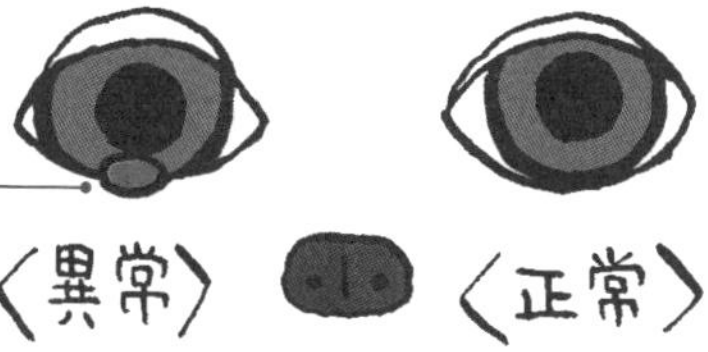

內側腫起

狗狗的眼皮內側腫起時，會刺激角膜，進而引起發炎。腫起處過大時，便可能需要外科處理，因此飼主應考量狗狗全身狀態，與醫生仔細商量處理方式。

1 眼皮邊緣出現疣狀腫起

眼皮邊緣有瞼板腺（Meibomian gland），此處脂肪堵塞時，會形成疣狀腫起，進而增加眼屎的分泌量。

2 眼睛睜不開

狗狗會因為眼睛受傷或受到刺激而睜不開。雖然能夠自然痊癒，但有時仍需要點眼藥水，藉此減緩疼痛並早日痊癒。

外觀可見的異狀

狗狗閉眼的時間增長時，飼主就應特別留意，並儘早帶去看醫生。

3 睡眠中眼皮微掀時應特別留意

西施犬、巴哥犬與法國鬥牛犬等犬種的眼睛較大，睡眠時眼皮不容易閉上，因此醒來時眼屎往往較多，進而提高角膜與結膜發炎的機率。飼主不妨在醫生同意下，於狗狗就寢時滴上油性眼藥水，藉以預防疾病。

仔細觀察

狗狗睡覺時的眼睛狀態，也會隨著年齡增長而改變，所以飼主平常應仔細觀察，並提供適度的保養。

■容易罹患角膜炎的犬種：吉娃娃、臘腸犬、約克夏㹴、西施犬與巴哥犬等。

就診警訊⑤

流鼻水

嗅覺衰退的時間比視覺、聽覺還要慢，因此鼻子是高齡犬特別重要的感覺器官。一旦出現異狀時，應儘早做出應對。

流出的鼻水帶顏色時有可能是生病了

不管是什麼年紀的狗狗，打噴嚏都有可能是罹患傳染病的徵兆，飼主應立即帶牠們去看醫生。此外，如果發現狗狗的鼻頭乾燥時，就有可能是發燒了。狗狗的鼻腔內會藉由鼻水等分泌物滋潤黏膜，當狗狗的吻部較長時，內部面積相對較寬，分泌出的鼻水量會有較多的傾向。健康的狗狗會分泌出無色透明的鼻水，鼻頭也會維持適度的溼潤感。如果飼主發現狗狗的鼻水顏色或分泌量有異，就可能是生病了，必須格外留意。

1
經常舔鼻子

狗狗的鼻水分泌量因為傳染病而增加時，有時會頻繁舔舐鼻頭，避免鼻水流下。所以確認狗狗舔鼻子的頻率，會比確認鼻水量還要精準。

留意鼻水

除了舔鼻子的頻率增加，看到狗狗的鼻子總是異常溼潤時，也有可能是流鼻水了。

2
流出乳白色的鼻水

飼主每天為狗狗保養時，也要一併確認鼻水的顏色，如果呈現混濁的乳白色，就可能是罹患了傳染病。即便是無色透明的鼻水，也要再進一步確認分泌量是否多得異常。

用衛生紙確認

以白色衛生紙輕按狗狗的鼻頭，就可以確認鼻水的顏色與狀態。

3
鼻頭乾燥

狗狗的鼻水分泌量會隨著老化而減少，使鼻頭容易乾燥。但有時鼻頭乾燥是因為發燒，因此建議飼主還是帶狗狗去動物醫院一趟會比較保險。

鼻頭周圍也要保持乾淨

任由狗狗的分泌物乾燥黏著在鼻子上，可能會導致發炎，所以飼主應使用溼毛巾輕擦狗狗的鼻子，保持鼻頭乾淨。

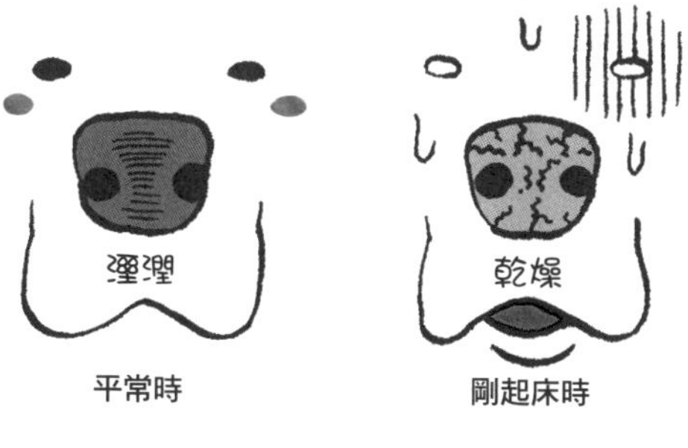

就診警訊⑥

流鼻血

鼻腔與口腔之間是以薄薄的骨頭分隔，所以罹患牙周病也會對鼻腔產生影響，嚴重時甚至會造成流鼻血。

鮮少出門的狗狗一旦流鼻血要特別留意

人類就算只受到小小的刺激也會流鼻血，但是狗狗卻幾乎不會。如果狗狗因為明顯的外傷導致流鼻血，不妨再觀察一下；但若是沒有明顯外傷卻反覆流鼻血的話，就可能是罹患了重症（例如腫瘤等），飼主必須謹慎以對。此外，罹患牙周病時，影響會遍及全身，有時也會造成流鼻血。牙周病不只影響到口腔而已，而是會降低狗狗整體的生活品質。因此一旦發現狗狗反覆流鼻血時，應立刻帶去動物醫院檢查。

拍照或錄影

發現狗狗有異狀時，要立刻拍照或錄影，有助於提升醫生檢查的效率。

1 要記得鼻血是從哪一側鼻孔流出

不同疾病造成的鼻血，會從不同側的鼻孔流出，所以飼主應牢記鼻血是從狗狗的哪一側鼻孔流出，才能使檢查過程更加流暢。

2 一流鼻血就要立刻看醫生

狗狗反覆流鼻血時，就很有可能是牙周病或腫瘤所致。這兩種疾病都位在不易早期發現的部位，因此一旦進展到流鼻血時，就可能已經相當嚴重了。

流鼻血的原因

有時狗狗流鼻血不見得是因為生病，而單純是受傷所引起。

3 別忽視地板或家具上的血跡

狗狗可能會舔掉鼻血，所以飼主不能只注意狗狗的鼻子，還必須確認生活環境（地板或家具等）是否出現血跡。

牙周病的警訊

牙周病的症狀除了流鼻血之外，還有嚴重口臭、唾液增加、牙齒變色與食慾不振等。

就診警訊⑦

大量飲水、大量排尿

狗狗的飲水量會隨著運動量、氣溫與溼度而異，飼主發現這方面的異狀時，可以先觀察一星期看看。

大量飲水並不代表健康

很多人以為狗狗大量飲水是健康的象徵，但這其實是許多疾病的徵兆之一。狗狗因生病而大量飲水時，往往也伴隨大量排尿。許多飼主誤以為狗狗是喝了很多水才會增加排尿量，但事實上，卻是大量排尿導致體內水分不足，狗狗才會因為口渴而增加飲水量。一旦出現這些症狀時，可能是狗狗的腎臟功能衰退，或是罹患了糖尿病或庫欣氏症。所以飼主每天都應觀察狗狗的飲水量與排尿量，才能夠及早發現疾病。

1
不必限制飲水

狗狗多喝多尿時，代表體內水分不足，所以應該讓狗狗想喝就喝，不要限制飲水。

看家時準備多一點飲用水

讓狗狗看家時，必須按照家裡無人的時間長短，準備多一點的水量與裝水容器。

2
及早發現腎臟異常

近年來已經出現新的檢查方法，能夠及早發現狗狗的腎臟問題。即使一般檢查沒有發現異狀，但是狗狗的飲水量還是有異常變化時，飼主也最好能與醫生商量是否做進一步的檢查。

治療方針

檢查發現狗狗的腎臟出問題時，往往就只剩下三分之二的功能了。這時的治療目標就是維持剩下的機能。

一併確認掉毛問題

狗狗除了多喝多尿之外，如果還出現腹部隆起與左右對稱的掉毛，就有可能是庫欣氏症（腎上腺皮質素過高症）※。飼主平常應將發現的問題記錄下來，並告知醫生。

3
先帶去看醫生

飼主注意到狗狗多喝多尿時，應該先帶狗狗看醫生。這個現象有很大的可能是糖尿病、腎臟病（P102）、子宮蓄膿（P104）、庫欣氏症（腎上腺皮質素過高症）等。罹患這些疾病時，狗狗可能突然間變得多喝多尿，也有可能是慢慢增加飲水量與排尿量。

※這種疾病是位於腎臟上方的腎上腺分泌過多的激素所致，有時病因與腦下垂體有關。

■容易罹患糖尿病的犬種：貴賓犬、臘腸犬、約克夏㹴、西施犬、傑克羅素㹴、獵犬種等。
■容易罹患庫欣氏症的犬種：貴賓犬、臘腸犬、博美犬、約克夏㹴、西施犬、傑克羅素㹴、米格魯等。

就診警訊⑧
掉毛

幫狗狗把毛剃短之後，有時會因此發現掉毛或毛無法長長的問題。

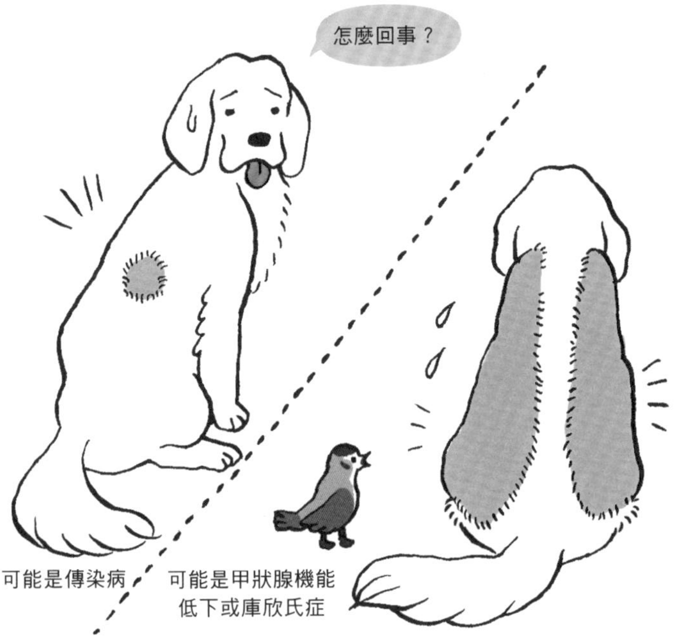

掉毛也是疾病徵兆 應確認掉毛狀況

狗上了年紀之後，被毛自然不像年輕時那麼濃密。被毛光澤變得不明顯、毛量減少、出現白毛、皮膚缺乏彈性或乾燥等等，都是自然老化的現象。但是有時候狗狗可能是因為生病才掉毛，所以飼主一旦發現不對勁，便應該儘快讓狗狗接受適當的治療。此外，狗狗的掉毛狀況也有助於推測出病因，例如左右對稱掉毛時，可能是甲狀腺機能低下※，或是庫欣氏症等內分泌方面的疾病；如果為局部掉毛，則可能是傳染病所致。

※甲狀腺分泌減少，導致代謝變差，是一種會影響全身的疾病。

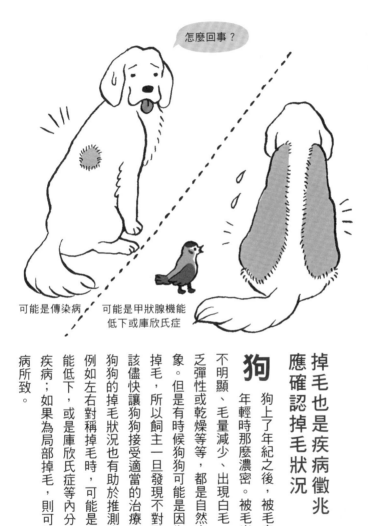

我、我的毛
沒有斷掉喔……？

1

要確認是掉毛還是斷毛

有時狗狗會因為精神方面的壓力，經常舔毛或咬毛。如果掉毛處是連毛根都不見了，就表示罹患了會掉毛的疾病；如果還有剩下毛根，就可能是心理方面的問題。

仔細幫狗狗梳毛

隨著年齡增長，脫落的毛會更容易殘留在身上。因此每逢春秋換毛季節時，飼主就要格外仔細地替狗狗梳毛，保持被毛乾淨。

室內犬的換毛期

春秋兩季是狗狗的換毛季節，但室內的溫差與日照變化較低，所以當狗狗都養在室內時，換毛期會有比較不規律的傾向。

2

露出悲傷的表情

高齡犬最容易罹患的內分泌疾病就是甲狀腺機能低下。這種疾病有時會造成尾巴光禿禿的，有時也會讓狗狗看起來一臉悲傷。

就算你鼓勵我，我也
提不起精神啊……

認識其他徵兆

當狗狗罹患甲狀腺機能低下時，除了會露出悲傷的表情之外，還會出現體溫降低、無精打采等症狀。

有時保養才是肇因

不適當的保養也會造成狗狗掉毛，像是選用的梳子不適合狗狗的毛質。這時請諮詢醫生，選擇適當的保養方式吧。

3

原因不明的掉毛

有一種脫毛症叫作Alopecia X，這是與年齡無關的掉毛疾病。據說Alopecia X是因為生長激素或性激素的影響，但是目前還找不到確切的原因。

為什麼會這樣？

■容易罹患甲狀腺機能低下的犬種：貴賓犬、臘腸犬、博美犬、迷你雪納瑞、柴犬、米格魯、獵犬種等。

就診警訊⑨

排尿異常

尿滯留、少尿與頻尿三者的差異

飼主每天都觀察得到狗狗的尿液，所以請仔細確認狗狗的排尿狀況吧！排尿異常可分為尿滯留、少尿、頻尿以及漏尿等。其中，尿滯留是指身體雖然製造了尿液，卻無法將尿液排出體外時的狀態，這可能是因為結石或攝護腺異常，造成尿道堵塞。少尿是身體無法製造出尿液，可能是基於各種原因造成急性腎衰竭；頻尿則是狗狗多次擺出排尿姿勢，但每次都只能排出一點點尿液，這時候就有可能是尿道或膀胱發炎了。

請選擇淺色的寵物尿墊，好用來確認狗狗的尿液顏色，並且在狗狗排泄後將尿墊秤重，扣掉尿墊本身的重量，以利計算尿量。

1 尿液顏色有異

狗狗的尿液呈鮮紅色時，可能是膀胱炎、膀胱腫瘤或結石所致；呈葡萄酒色時，可能是狗狗誤食洋蔥中毒，或是自體免疫性疾病等；呈現橙色時，則可能是黃疸等疾病。

保持膀胱清潔

膀胱裡長時間積蓄尿液，細菌就容易在裡面繁殖。所以平時應多給予水分，並讓狗狗隨時可以排尿，藉此保持膀胱清潔。

常見於高齡犬的漏尿

狗狗上了年紀後，漏尿機率會因為飲水量增加或神經問題而提高。但是若發現狗狗可能是因為生病才漏尿時，就要儘快帶去看醫生。

2 排不出尿時應立刻帶去看醫生

若狗狗超過36小時無法排尿時，可能會造成急性腎衰竭，進而引發尿毒症。因此飼主發現狗狗排不出尿時，就要立刻帶去看醫生。

3 頻尿可能是尿道或膀胱發炎

有些人認為頻尿是狗狗的排尿量很多，有些人則以為是尿不出來。但事實上，頻尿時的總排尿量是與正常時相同的，所以飼主應同時確認排尿的頻率與排尿量。一旦確定是頻尿時，就有可能罹患了膀胱炎、尿道炎或膀胱結石。

確實餵藥

餵藥之後，即使狗狗的膀胱發炎症狀消失了，飼主也應該按照醫囑把藥餵完，不能擅自停藥。

就診警訊⑩

排便異常

狗狗持續腹瀉時，可能是消化系統生病了，但也有可能是肝臟、胰臟或腎臟等疾病所造成。飼主平常安排規律的作息，就能夠幫助狗狗規律排便。

了解異常的原因
保有適度的規律

健康的糞便顏色為褐色，且軟硬恰到好處，粗度則依狗狗的體型而異。狗狗的糞便顏色、硬度以及排便頻率等，其實都藏有許多疾病的祕密，因此飼主平常應讓狗狗保持一天最少排便兩次的規律，才能幫助狗狗維持健康。有時便秘是因為運動量不足，或是生活不規律所造成的，但有時卻可能是腹部腫瘤或攝護腺疾病的徵兆。所以當飼主發現狗狗有三天以上沒有排便時，就應該立刻帶去看醫生。

1
隨時檢查糞便顏色與硬度

狗狗的糞便呈紅色時，可能是大腸或肛門一帶出血；黑色則可能是胃部或小腸出血；灰色的話就可能是胰臟炎。正常的糞便硬度，則是介於有點硬與有點柔軟之間。

正常硬度

用手拿起糞便，不會碎裂的硬度才是正常的。

2
慢性腹瀉時需要與醫生商量

有時狗狗會因為一口氣攝取大量水分，或是食物太油而腹瀉；有時腹瀉的原因與腸胃等消化系統無關，是其他內臟生病所造成。此外，即使狗狗的排便次數不多，但卻持續排出軟便時，就有可能是胰臟功能衰退或是體質無法適應食物，應儘快找醫生商量。

對腹瀉原因有概念時

飼主知道狗狗腹瀉是因為吃太多或喝太多時，就可以觀察一陣子看看。要是狗狗的排泄持續出現異狀時，仍應趕快帶去看醫生。

3
探究便秘的原因

便秘有時是運動量不足造成，有時則隱含著各種疾病的可能，所以當狗狗變得不規律排便時，飼主就應找醫生討論。此外，食物中的纖維量與狗狗飲水量過少時，也會導致便秘。如果便秘的狗狗因為生病而難以行動時，便可能需要採取浣腸措施。

放在密封容器中

可以的話，請將狗狗的糞便、尿液或嘔吐物裝進密封容器，拿給醫生確認，將有助於診療。放在密封容器的另一個好處是不怕臭味外洩。

會引發便秘的疾病

攝護腺肥大與子宮腫瘤，會使糞便變得扁平，或是造成便秘。

就診警訊⑪

咳嗽

狗狗咳嗽可能是罹患了嚴重疾病。而高齡犬咳嗽，則多半是呼吸器官疾病加上心臟病，所以飼主發現狗狗咳嗽時，應儘快帶去看醫生。

咳嗽是不容忽視的疾病徵兆

年輕的狗狗咳嗽，多半是因為傳染病所致；高齡犬咳嗽時，則可能是心臟或肺部等器官的嚴重疾病所引起。尤其是夜間咳嗽不止時，有可能是肺水腫發作，若沒有及時處理，甚至會致命。所以飼主一旦發現狗狗咳嗽，就應該趕緊帶去看醫生。

讓狗狗定期接受健康檢查，便有機會能夠在引發咳嗽之前發現呼吸器官的問題。只要飼主及早做好狗狗的體重管理，就有望能延緩這些疾病的發作時間。

1
看起來想吐卻吐不出來

狗狗咳嗽的樣子，有時看起來像是喉嚨塞住，想吐卻吐不出來，狀似嘔吐的模樣往往令人誤以為是食道或腸胃生病。但是請各位務必記得，這種想吐卻吐不出的樣子，其實就是狗狗在咳嗽。

特別注意小型犬

小型犬由於基因影響，容易有心臟功能比較差的問題。

2
咳嗽也可能是氣管衰退

狗狗的氣管壁會隨著老化或肥胖而變得脆弱，也會隨著每次呼吸而提高氣管塌陷（P100）的風險。

也要注意肥胖問題

狗狗肥胖時，也容易罹患重病。肥胖也會造成心臟病，因此飼主平常要多注意狗狗的飲食與運動量。

鼻水的顏色

狗狗咳嗽時若伴隨流鼻水的話，飼主也別忘了確認鼻水的顏色。這時可參考P66，確認鼻水狀態，於就醫時一併告訴醫生。

3
有時則是食物跑進氣管

整天都躺著的狗狗，很有可能出現誤嚥性肺炎——也就是本應進入食道的食物掉進氣管所致。照顧這類狗狗時，應在餵食時引導牠們抬高頭部，等狗狗完全吞下食物後再餵下一口，如此便有助於預防誤嚥性肺炎。

■氣管塌陷容易發作的犬種：貴賓犬、吉娃娃、博美犬、約克夏㹴、西施犬、蝴蝶犬、馬爾濟斯與巴哥犬等。

就診警訊⑫

呼吸困難

有些犬種的體質，天生就容易造成呼吸器官或心臟的負擔。因此這類犬種的飼主應提前諮詢醫生，擬好延緩疾病發作的對策。

呼吸器官疾病與心臟疾病會因肥胖而惡化

當狗狗「哈！哈！」地喘著氣時，不僅代表呼吸系統生病了，有時還可能是因為心臟疾病。以下介紹會對呼吸造成影響的三個異狀：①空氣吸入口與通道（氣管）異常，②負責吸入氧氣的肺部出現問題，③將氧氣輸送到全身的心臟或血液出現問題。這三個狀況往往一起發生，也會因為肥胖而更加嚴重。假若狗狗的病情嚴重，可能就需要限制運動或設置氧氣室，所以當飼主面對這類疾病時，必須做好長期抗戰的心理準備。

我快昏倒了～

1
有發紺現象時應注意運動量

狗狗的呼吸速度因運動或亢奮而加快時，「可視黏膜」（舌頭或結膜等）可能會出現發紺的現象。

危險狀態

血液含氧量不足時，可視黏膜會變成紫色，這種現象就稱為發紺。這時的狀態非常危險，飼主應儘快帶狗狗去看醫生。

2
張口呼吸

狗狗是用鼻子呼吸，喘不過氣時才會用嘴巴呼吸。當狗狗運動完後，會用嘴巴呼吸一段時間是正常的現象，但如果是在其他情況用嘴巴呼吸時，就可能是心臟等處生病了。

哈！哈！
走吧走吧！
哈！
哈！
哈！
哈！
哈！
就算走不動……
也要繼續走……

讓狗狗以輕鬆的姿勢到院

帶呼吸困難的狗狗去醫院時，應該將狗狗放進外出籠裡，並採取較輕鬆的姿勢。讓狗狗躺著或是由飼主抱在懷裡時，可能反而會使呼吸更加困難。

呼吸困難的徵兆

除了用嘴巴呼吸或深呼吸之外，當狗狗持續採取「前肢張開，打開胸口」的坐姿時，也是呼吸不順暢的徵兆。

氧氣氧氣！
吸氣
吐氣

3
拚命呼吸

狗狗開始用力呼吸時，代表氧氣難以進入肺部。造成這現象的可能原因包含鼻腔或氣管堵塞，所以飼主必須格外留意。

就診警訊⑬

體重急遽增減

想要保有適當的體重，就必須維持均衡的熱量攝取與消耗。當狗狗的體重突然急遽增減時，就可能是生病了。

維持適當體重有助於延長健康壽命

狗狗的體重突然產生急遽變化時，飼主必須特別留意。一般情況下，當狗狗上年紀時，就算攝取熱量與以往相同，由於基礎代謝與活動量減少，體重就容易增加。但如果體重是短期內大幅增加，就有可能是甲狀腺機能低下這類疾病所導致，這時可千萬別讓狗狗減重。

另一方面，飼主平常都餵食適當的飲食，狗狗的體重卻減少時，就可能是體內長了腫瘤或患有糖尿病等。此外，狗狗如果持續慢性腹瀉或嘔吐，也會導致體重下降。

1
正常進食 體重卻降低

狗狗正常進食體重卻降低，在沒有腹瀉或嘔吐的情況下，原因可能出在運動或環境，熱量的消耗與攝取有些失衡，因此飼主可以重新調整狗狗的攝取熱量。不過，有時也可能是飼主提供的食物過於營養所致。

可能是疾病造成

當狗狗攝取與消耗的熱量達到平衡，體重卻仍然下降時，就可能是肝臟或腎臟功能變差，或是體內長出惡性腫瘤或罹患糖尿病等，影響身體的代謝。

2
看起來無精打采 又一臉悲傷

當狗狗甲狀腺機能低下時，基礎代謝會跟著下降，這時若進食量與發作前一樣，就會造成體重增加。如果狗狗同時看起來無精打采且一臉悲傷時，甲狀腺機能低下的可能性就更大了。這時只要適當餵藥，就有機會改善。

不能全歸咎於老化

甲狀腺機能低下的徵兆之一，就是狗狗會露出無精打采的表情，很多飼主會誤以為是老化所致。因此照顧高齡犬時，飼主應擺脫先入為主的觀念，對狗狗的各種變化要更加敏感才行。

3
整頓生活環境

狗狗在寒冷的季節必須燃燒熱量，保持適當的體溫，所以冬天時體重容易下降（養在戶外時更是如此）。這時飼主應顧及狗狗的身體負擔，適度調整飲食量之餘，更要打理出能夠舒適過冬的溫暖環境。

夏天也應養在室內

夏季酷暑也會使狗狗食慾變差，所以飼主應該盡量讓狗狗進室內避暑。

就診警訊⑭

腹部隆起

胃扭轉是會迅速致命的疾病，徵兆之一是狗狗想吐卻吐不出來。因此一旦發現這個徵兆，應立刻帶狗狗前往醫院。

不是只有肥胖才會造成腹部隆起

狗狗的腹部隆起時，可能是患了某些疾病。如果是腹部積水的「腹水」，就可能是腹部內長了腫瘤；如果是腹部在短時間內大幅膨脹，則可能是胃擴張或胃扭轉，應立刻帶狗狗去看醫生。常見於高齡犬的腎上腺皮質素過高症，會造成狗狗的肌肉量減少，導致脂肪更容易堆積。當飼主發現狗狗只有腹部膨脹，四肢反而變細時，就很有可能罹患腎上腺皮質素過高症。請飼主務必事前了解，「吃太多所造成的肥胖」與「疾病造成的腹部隆起」之間的差異。

1 藉由觸摸確認是否為腹水

心臟病、肝臟相關疾病與腹腔內腫瘤等，都可能造成腹水。觸摸有積水的腹部時，可以感受到液體的波動感。但是狗狗本身肥胖的話，就比較難摸出腹水，飼主必須更仔細去觸摸。

確認腹水

判斷狗狗是否有腹水時，首先將手心貼在狗狗腹部的一側，再用另一手輕敲另一側腹部。如果狗狗確實有腹水時，手心能夠感受到液體波動。

2 定期健康檢查

腹腔內腫瘤與體表腫瘤不同，飼主難以及早發現，所以務必讓狗狗定期接受健康檢查。

藉超音波判斷

有些腫瘤連X光都看不出來，這時就可以藉由超音波進一步檢查。

3 腹部隆起不代表就是肥胖

若狗狗罹患腎上腺皮質素過高症或是甲狀腺機能低下症，此時嚴禁減重。因此發現狗狗體重增加，不能直接歸咎於變胖，應儘快帶狗狗去看醫生，避免貿然採行減重，反而會對狗狗造成身體負擔。

疾病造成的肥胖

代謝變差或吃太多所造成的肥胖，稱為「原發性肥胖」；疾病所造成的肥胖，則稱為「續發性肥胖」。

■容易胃扭轉的犬種：獵犬種、邊境牧羊犬、德國牧羊犬等。

就診警訊⑮

走路方式有異

未結紮的公狗有時會因攝護腺腫大，將疼痛或不適反映在走路姿勢上。

從頸部與腰部動作確認狗狗是否腳痛

如果狗狗不舒服時會拖著腳走路，相信飼主很快就會發現不對勁，但是狗狗是四肢都能夠走路的動物，所以只有輕微腳痛時，仍可藉其他的腳維持幾近正常的走路姿勢。不過，只要多加留意狗狗走路時的頸部與腰部動作，就能夠輕易發現走路的異狀。當狗狗踏出不會痛的腳時，頸部與腰部會下沉；踏出會痛的腳時，頸部與腰部就會挺起來，以減輕痛楚。

1
限制運動 強制靜養

關節炎與退化性脊椎疾病都是高齡犬常見的疾病，發作後應立即限制狗狗的運動。

因肥胖惡化

肥胖會加重身體負擔，導致症狀惡化。此外，有些犬種天生就比較會有遺傳性關節疾病，上了年紀後更是容易罹患關節炎。

2
後腳突然疼痛

狗狗後腳的前十字韌帶斷裂時，會因為突然的劇痛而抬起後腳。這種情況常見於高齡犬，且較難治癒。

肥胖也可能是主因

有些狗狗上了年紀後，韌帶也可能因肥胖斷裂。這時飼主應調整餵食量，控制好狗狗的體重。

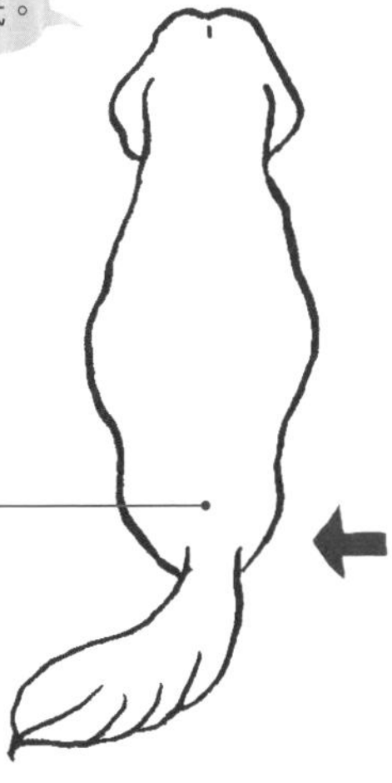

3
臀部肌肉減少

黃金獵犬、拉布拉多犬、德國牧羊犬等大型犬容易因為髖關節形成不全，將體重都加壓在前腳上，以避免對後腳造成負擔，結果就會使臀部肌肉量減少，步伐也變小。

善用健康食品

適當餵食軟骨素健康食品，能夠緩和狗狗的不適。此外，狗狗肌肉量衰退的話，可能就會整天躺著不愛動，所以飼主仍應定期帶狗狗運動。

■容易罹患退化性脊椎疾病的犬種：臘腸犬、柯基犬與米格魯等。
■容易髖關節形成不全的犬種：獵犬種、法國鬥牛犬、伯恩山犬等。

就診警訊16

背部疼痛

椎間盤突出，通常是狗狗在家中發生意外所致，所以飼主平常應對生活環境多花點心思，例如：減少室內高低差等。

讓狗狗靜養之餘也要重新審視生活環境

狗狗背部疼痛時，最有可能的原因是椎間盤突出※。高齡犬的肌力衰退，椎間盤突出發作的機率也會跟著提高。主要徵兆是狗狗變得不愛動、表現出疼痛感，以及身體局部麻痺等，這時要避免狗狗亂動，並趕緊帶去看醫生。

很多狗狗都是在室內木質地板上打滑，或是從沙發跌落，導致椎間盤突出。所以飼主應為高齡犬整頓出無障礙空間（P32），提供安全的生活環境。

※脊椎的脊椎骨之間有椎間盤，椎間盤硬化突出，進而壓迫到脊髓時，就稱為椎間盤突出。

1
預防家中意外
室內雜物多，狗狗就特別容易發生意外。如果狗狗喜歡到處跑來跑去，飼主應在狗狗生病期間，將狗狗關在圍欄中讓牠好好休息。

要注意樓梯
狗狗上下樓也可能造成椎間盤突出，所以建議在樓梯出入口設置門欄，避免讓狗狗爬樓梯。

2
減少運動量以達到靜養效果
如果認為狗狗可能患有椎間盤突出，就應該先減少狗狗的運動量。有時候狗狗會需要動手術，但是飼主在決定治療方針時，還是應以狗狗的整體狀態為主要考量。會使狗狗背部疼痛的疾病，除了椎間盤突出以外還有退化性脊椎疾病、脊椎內部腫瘤等。

臘腸犬與柯基犬以外的狗狗
臘腸犬與柯基犬特別容易椎間盤突出，但是其他犬種也會因為生活環境而發作。

走路異狀會影響生活品質
狗狗背部疾病對走路產生影響時，會大幅降低生活品質，所以飼主平常就應多加留意狗狗的走路姿勢。

3
拖著腳走路也可能是背部異常
狗狗以腳背觸地、拖著腳走路時，不一定是腳痛，也可能是椎間盤突出或退化性脊椎疾病導致背部異狀之後，壓迫到與腿部相連的神經。狗狗與人類一樣都有固有位置感覺，能夠感覺到自己的腳是朝著哪個方向，而拖著腳走路就可能已經是感覺不到了。

■容易椎間盤突出的犬種：貴賓犬、臘腸犬、西施犬、蝴蝶犬、柴犬、柯基犬與巴哥犬等。

公狗可藉由結紮，預防肛門一帶的異常，飼主不妨針對這一點諮詢醫生。

就診警訊⑰

肛門出現異狀

摩擦肛門、排便困難

看到狗狗摩擦臀部的動作時，可能是肛門腺發炎了。由於高齡犬比較難從肛門腺排出分泌物，因此發炎的機率更高。未結紮的公狗，罹患肛門周圍腫瘤的機率較高，所以飼主看見狗狗排便會痛時，就要當心是否罹患了肛門腺或攝護腺腫瘤。此外，母狗也有機會罹患肛門腺癌。肛門周圍發腫且排泄有困難時，也有可能是會陰疝氣，這種疾病可能會使直腸或膀胱脫出。

番外篇
各犬種容易罹患的疾病

這邊要介紹的是各犬種容易罹患的疾病，希望有助於各位幫狗狗做好健康管理。

	犬種	膝蓋骨脫臼	白內障	青光眼	乾眼症	氣管塌陷	心臟衰竭	庫欣氏症	糖尿病	甲狀腺功能低下	椎間盤突出
小型犬	貴賓犬	○	○			○	○	○	○	○	○
	吉娃娃	○		○	○	○	○				
	臘腸犬		○					○	○	○	○
	博美犬	○				○	○	○		○	
	約克夏	○				○	○	○	○		
	西施犬		○	○	○	○	○	○			○
	蝴蝶犬	○				○					○
	馬爾濟斯	○	○			○	○		○		
	迷你雪納瑞		○		○				○	○	
	巴哥犬	○			○	○					
	傑克羅素㹴		○					○	○		
	查理士小獵犬		○				○				
中型犬	柴犬			○						○	○
	法國鬥牛犬		○				○				
	柯基犬										○
	米格魯		○	○				○		○	○
大型犬	獵犬種		○						○	○	

COLUMN

3 高齡犬的廁所訓練

就算狗狗平常都習慣在戶外排泄，一旦有了年紀，飼主也應該提前教狗狗學會在室內（至少要能夠在陽台）上廁所，如此一來就能夠減輕罹患泌尿系統疾病的風險。狗狗的廁所訓練基本原則，就是「排泄指令」。訓練過程中，飼主在尿墊上鋪設人工草皮的話，就能夠讓腳下觸感類似戶外草地，讓狗狗更快學會在此上廁所。此外，人工草皮還可避免尿液飛濺、沾濕狗狗的腳。

①先在狗狗常排泄的戶外場所鋪上人工草皮，縮短牽繩，讓狗狗在人工草皮上等待。狗狗一旦順利排泄完成，就褒獎牠。反覆這樣的程序，就能夠幫助狗狗學會在人工草皮上排泄。②在家門口或庭園鋪設人工草皮，以同樣的方式引導狗狗排泄。③在接近戶外的室內空間（陽台或窗戶附近等）鋪上尿墊，並於上方鋪設人工草皮，接著在狗狗容易排泄的時段（用餐後或散步前等），以同樣的方式引導狗狗排泄。④找好最適合狗狗排泄的理想室內位置後，就鋪設尿墊與人工草皮，以同樣的方式引導狗狗排泄。⑤狗狗成功在④的位置排泄後，就解開牽繩。如果日後狗狗無法自主到此處排泄，就再次挑選狗狗容易排泄的時段，重複④的步驟。

第 4 章

迎接生命終期的狗狗：常見症狀與照護

面對疾病①

體表腫瘤的應對方法

腫瘤分成良性與惡性，惡性會迅速變大，還有可能轉移到全身，所以愈早發現愈好。

藉由肢體接觸早期發現

體表腫瘤是所有腫瘤中比較好發現的一種，不少飼主都是在每天與狗狗的肢體互動中發現的。這類腫瘤包括長在淋巴結的淋巴腫瘤、母狗可能會得到的乳腺腫瘤，以及公狗才會罹患的肛門周圍腫瘤與睪丸腫瘤。腫瘤的初期症狀不太會痛，通常是腫瘤長大後壓迫到周遭血管或神經，才會引發疼痛。由於嘴裡也可能長腫瘤，所以飼主平時要盡量確認狗狗身上的每個部位。

1 切除或藥物治療

腫瘤治療方式有手術、藥物治療與放射線治療等方式，必須視腫瘤位置、大小、良性或惡性等條件判斷，請按照狗狗的身體狀況，與醫生討論出最適合的方案。

再小的腫瘤都別輕忽

就算是很小的腫瘤，如果是惡性的話，都能在短時間內迅速變大，或轉移到他處，所以應及早帶狗狗去看醫生。

好得起來嗎？

2 藉結紮預防腫瘤

母狗特有的乳腺腫瘤，以及公狗特有的肛門周圍腫瘤與睪丸腫瘤，罹患風險會隨著年齡增長而提升。趁狗狗年輕時結紮，就能夠預防這些腫瘤。

請盡情摸我吧～

預防乳腺腫瘤

在狗狗初次發情前就結紮的話，可以有效預防乳腺腫瘤。

3 天生容易罹患腫瘤的犬種

黃金獵犬、拉布拉多犬、法國鬥牛犬、迷你雪納瑞與巴哥犬等犬種，長出腫瘤的機率較高。

光憑觸摸無法分辨

只用肉眼去看或用手觸摸，是無法分辨腫瘤是惡性還是良性，如果是惡性腫瘤，就有迅速變大的傾向。

我們比較容易長腫瘤！

從日常生活中，仔細觀察狗狗的走路姿勢、動作是否不對勁，有助於及早注意到狗狗的異狀。

面對疾病②

關節疾病的應對方法

避免肥胖，打理好環境

隨著狗狗年齡增長，罹患關節疾病的機會就增加了，會疼痛的退化性關節炎容易發生在肘部、膝蓋與髖關節等處。也有脊椎骨變形導致疼痛的退化性脊椎疾病※1等。有些犬種則是天生就容易有膝蓋骨脫臼或髖關節形成不全※2等毛病，這類狗狗上了年紀後，有前述毛病的部位就容易轉化成關節炎。

另外，肥胖也會造成關節疾病惡化，想要減少狗狗罹患關節炎的機率，除了應避免肥胖外，飼主也應該打理出一個不會對關節造成負擔的居住環境。

※1老化造成脊椎形狀變化，進而引發疼痛，少數則會壓迫到脊髓。
※2結合大腿骨與骨盆的髖關節天生形狀異常。

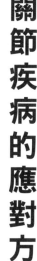

1
有時應積極緩和疼痛

狗狗的患部很痛時，需要絕對的靜養，這時可以藉藥物緩和狗狗的疼痛。先改善疼痛問題後，再按照醫生指示，讓狗狗循序漸進地重新開始運動，以恢復身體機能。

伸展時的注意事項

狗狗在伸展身體時，飼主應仔細聆聽關節是否發出聲音，或狗狗是否表現出疼痛，有的話需儘早帶狗狗去看醫生。

2
去醫院路上，應裝在外出籠內

帶狗狗去醫院的途中，由飼主抱在懷裡的話，可能會對關節或背部造成負擔，所以建議將狗狗置於外出籠內。

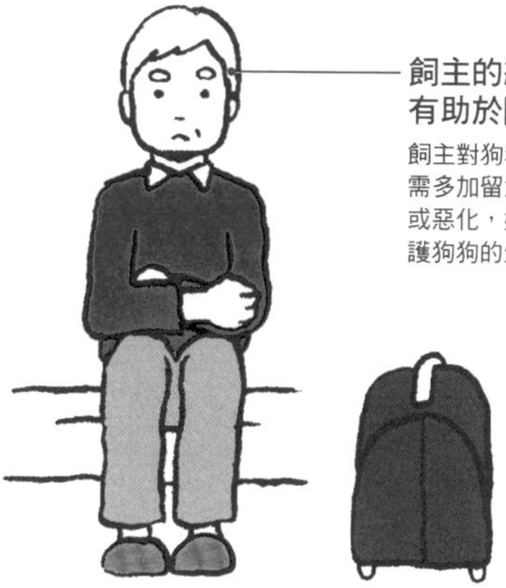

飼主的細心，有助於防止惡化

飼主對狗狗的飲食與生活環境需多加留意，以避免症狀發作或惡化，如此一來，才能夠維護狗狗的生活品質。

3
藥物治療＋改善環境

狗狗的患部劇烈疼痛時，可餵食消炎止痛藥等，有時也可以視狗狗的狀態餵食健康食品。此外，飼主也應多留意室內環境，避免再讓狗狗打滑等。

小心跌倒

在沙發旁裝設斜坡供狗狗上下時，要選擇不會滑的材質。飼主有時也可按照狗狗的狀態，選擇坡度較緩和的類型。

■容易膝蓋骨脫臼的犬種：貴賓犬、吉娃娃、博美犬、約克夏、蝴蝶犬、馬爾濟斯與巴哥犬等。

消化系統疾病的應對方法

有些疾病會引發腹膜炎，有立即致命的危險，所以飼主若看到狗狗突然變得很沒精神，就要特別留意。

食慾不振或上吐下瀉時要及早應對

狗

狗的消化液分泌能力會隨著年齡增長而變差，腸胃活動也會衰退，所以吃太多或吃太油的時候，對腸胃造成的負擔會比年輕時嚴重，容易引發上吐下瀉。飼主應特別留意的消化器官疾病包括胰臟炎、腸胃炎、胃擴張、胃扭轉與膽泥症※等。這些疾病有慢性也有急性，如果狗狗罹患的是急性疾病，治療就必須講究「快狠準」，尤其高齡犬的體力衰退，若沒有及時治療，還有可能致命。

※膽汁變性成泥狀後堆積在膽囊內的疾病。

祈禱姿勢

腹部疼痛的狗狗，會表現出祈禱般的姿勢，請各位牢記這個警訊。

1 要注意疼痛的訊息

狗狗拱背縮成一團時，就是腹部劇烈疼痛的徵兆。此外，看到狗狗不想動或突然虛脫時，飼主就應趕快帶狗狗去看醫生。

2 想吐又吐不出來時應立即就診

胃扭轉是非常緊急的疾病，如果沒有及時救治，狗狗可能會在24小時內殞命。因此飼主看見狗狗想吐卻吐不出來時，就應趕快帶去看醫生。

雄性大型犬容易罹患的疾病

胃扭轉，指的是胃因扭轉造成出入口堵塞，使腹中氣體與胃液都堆積在胃裡，導致腹部膨脹。罹患胃扭轉的狗狗，可能會採取嘔吐的姿勢，或是表現出吐不出來、沒精神，甚至陷入休克狀態。

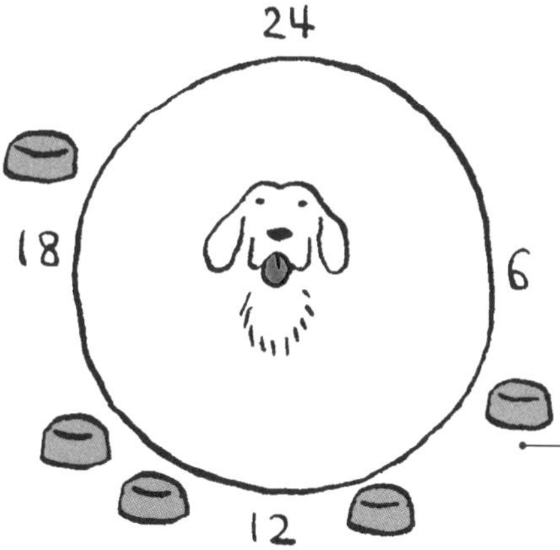

3 少量多餐＋低脂＋適度蛋白質

飼主平常就應避免讓狗狗的腸胃有負擔。狗狗上了年紀時，就應以少量多餐的方式提供低脂飲食。

用餐後避免劇烈運動

改善狗狗的飲食次數與品質，並避免在餐後兩小時內劇烈運動，有助於預防胃扭轉。建議的運動時間為起床後至用餐前的時段，或是每餐先讓狗狗運動完再用餐。

面對疾病④

循環系統與呼吸系統疾病的應對方法

這類疾病可藉定期健檢早期發現。確認狗狗罹病後，飼主除了要思考如何避免症狀惡化，也要學習與狗狗的疾病和平相處。

整頓居住環境以減輕負擔

肥胖會對狗狗的心臟與氣管造成負擔，提高心臟與氣管疾病的發作風險，造成咳嗽、呼吸急促或紫紺等症狀。

主要疾病包括僧帽瓣閉鎖不全症※1與心肌症等心臟疾病，以及支氣管炎或氣管※2塌陷等。

此外，飼主也應打理好狗狗的生活環境（P34），以對抗炎熱潮濕的夏季與寒冷乾燥的冬季。

※1僧帽瓣閉鎖狀況不佳，導致部分血液逆流的疾病。
※2氣管塌陷會降低空氣流通度，導致咳嗽等症狀的疾病。

1 夜晚、運動、亢奮時咳嗽

有時飼主會因狗狗在夜間咳嗽，發現狗狗罹患了僧帽瓣閉鎖不全等心臟疾病。另外，狗狗運動或亢奮時咳嗽，也是心臟或氣管疾病的徵兆。

延緩症狀

僧帽瓣閉鎖不全難以根治，所以治療會以延緩症狀的發展速度為目標。平常飼主應改餵食低鈉飲食（處方飼料或處方罐），讓狗狗維持適當體重（避免過胖與過瘦），有時也應視情況限制狗狗的運動。

2 使用胸背帶牽繩減輕症狀

狗狗罹患支氣管炎或氣管塌陷等疾病時，建議將項圈式牽繩改成胸背帶牽繩，以降低對氣管造成的負擔，有助於減輕咳嗽症狀。

拒吸二手菸

二手菸會對狗狗的喉嚨與氣管造成刺激，進而使症狀惡化，所以千萬不能讓狗狗待在有人吸菸的環境。此外，二手菸也會對狗狗的眼睛造成負面影響。

3 小型犬應特別留意

小型犬中有許多犬種，天生容易罹患僧帽瓣閉鎖不全與氣管塌陷等疾病，包括吉娃娃、約克夏、貴賓犬、博美犬與馬爾濟斯等。

容易併發的肺水腫

僧帽瓣閉鎖不全等心臟疾病，容易併發肺水腫，因此看到狗狗持續咳嗽或沒有精神時，飼主都應特別留意。

面對疾病⑤

泌尿系統疾病的應對方法

腎臟是沉默的內臟，初期症狀難以發現，想要早期發現的話，健康檢查是不可或缺的。

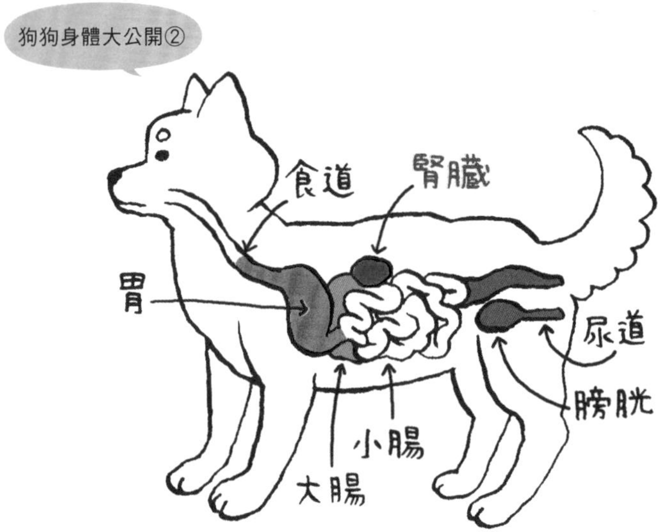

狗狗身體大公開②
食道
腎臟
胃
尿道
膀胱
小腸
大腸

腎臟的三分之二損壞後才開始出現症狀

眾多泌尿系統疾病中，腎臟疾病是特別難以早期發現的一種，因此發現時通常都已經相當嚴重了。高齡犬的慢性腎臟病有引起尿毒症※的風險，必須透過飲食管理與輸液控制病情。此外，整天躺著的狗狗比較少排尿，罹患膀胱癌的機率也會提高，這時就應按照醫生的指示餵食抗生素，餵藥期間通常會有點長。

※腎臟功能大幅衰退，使體內堆積大量老舊廢物與尿毒物質所引發的疾病。

1
藉飲食管理延緩病情發展

狗狗罹患慢性腎臟病後，飼主就必須對食物多下點工夫，避免狗狗攝取過多的鈉或蛋白質。做好飲食管理，才能夠延緩病情發展。

要注意尿毒症

腎臟疾病嚴重時會引發尿毒症，所以必須定期帶狗狗到動物醫院檢查血液與尿液。

2
整天躺著時應特別留意

狗狗整天躺著的時候，比較難自行排尿，使膀胱容易堆積細菌，所以飼主應藉由按摩等促進狗狗排尿。

每天都要確認尿液

飼主每天都必須留意狗狗的排尿異狀，例如：頻繁排出少量尿液、血尿或經常舔舐陰部等。

3
藉飲食與藥物改善

治療腎臟病時必須採取低蛋白飲食與飲用大量水分，另外也必須依照狗狗的身體狀態餵藥。狗狗膀胱發炎的時候，也必須餵食抗生素等藥劑。

藉由檢查及早發現

腎臟功能一旦受損就無法恢復，所以飼主必須定期帶狗狗接受健康檢查，才能夠及早發現疾病。

面對疾病⑥

生殖器疾病的應對方法

狗狗的生殖器會隨著年齡增長變得容易生病，所以飼主看到狗狗的行為怪怪的時候，就應趕快帶去看醫生，以利及早發現。

早期結紮可減輕壓力

結紮可有效預防狗狗罹患生殖器相關疾病，例如：公狗特有的攝護腺[※1]腫大，以及母狗特有的子宮蓄膿[※2]。結紮不僅可預防疾病，還可減輕狗狗的壓力。因為未結紮的公狗為了保護地盤，會經常警戒其他公狗；未結紮的母狗則會在發情期後假性懷孕，將玩偶當成小狗照顧。這些行為都會對狗狗造成壓力，結紮即是消除這些行為的好方法。

※1攝護腺細胞會隨著年齡緩緩增加，有時會造成腫大的狀態。這時狗狗就會不喜歡走路，有時甚至會引發便秘等症狀。
※2子宮內因細菌感染而蓄膿。

愈早愈好喔！

愈早結紮愈好

生殖器疾病嚴重時，就算狗狗的身體可能承受不住結紮手術，仍有可能必須賭一把。所以趁早讓狗狗接受結紮會比較好。

1 高齡犬也可結紮

狗狗生殖器生病後，也可以透過結紮治療。請各位飼主下定決心讓狗狗結紮吧！母狗大約出生後5～6個月就會初次發情，建議選在初次發情前後結紮。

2 牢記公狗的初期症狀

攝護腺腫大的初期症狀是難以排便、糞便變形，有時會因疼痛而不想走路，或走路姿勢奇特，嚴重時連排尿都會變得不順暢。

都沒有排便呢～
排不出來。

其他警訊

狗狗攝護腺腫大時，除了便秘與走路姿勢外，還可能會排尿困難、排尿次數增加或血尿等。

3 牢記母狗的初期症狀

母狗子宮蓄膿時會經常舔舐陰部。很多飼主都是在狗狗發情期結束後，生殖器流出分泌物時才發現。病情嚴重時，狗狗可能會食慾不振或多喝多尿。

這裡不舒服嘛！

認識警訊

狗狗會舔掉生殖器的膿，因此飼主必須留意母狗舔舐生殖器的動作、缺乏活力或食慾等徵兆。

狗狗做出與年輕時不同的舉動時

隨著老化而出現的行為

狗的老化除了反映在外表與體況之外，有時也會對行為造成影響。高齡犬基於各式各樣的原因，有的會變得膽小容易害怕，有的會吠個不停或是破壞物品。有些狗狗是老了之後突然出現問題行為，有些狗狗則是年輕時就有問題行為，在老化後變本加厲。行為問題往往根深蒂固，難以根治，因此飼主對狗狗行為感到困擾時，不妨前往大學附設動物醫院或專攻動物行為治療的診所，找專家諮詢較為安心。

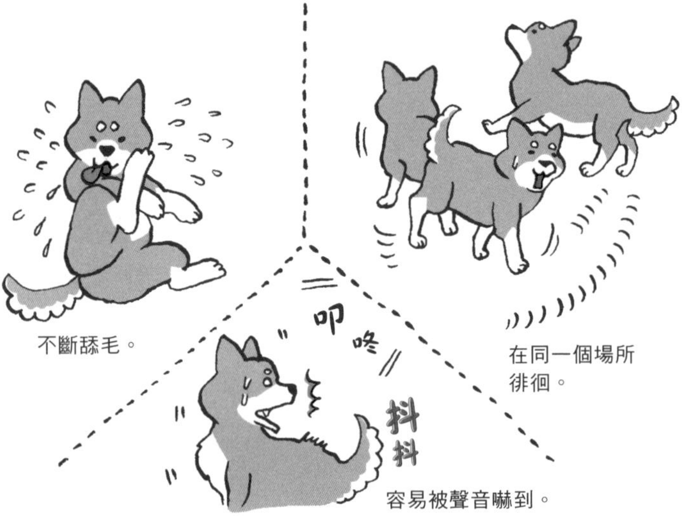

不斷舔毛。

在同一個場所徘徊。

容易被聲音嚇到。

近年已有研究研發出藥物，能改善狗狗的問題行為，所以請先找動物行為治療專家好好商量吧。

1

與飼主分開就會做出問題行為

有些狗狗會因獨處感到不安，而表現出問題行為，這種現象稱為「分離焦慮症」。這時建議飼主找專家諮詢，以減輕狗狗的不安。

避免過度的道別

有些飼主太疼愛狗狗，出門前會不斷向狗狗說再見，但是這種行為卻反而會助長分離焦慮症。因此建議飼主外出或歸宅時，都應表現出平靜的態度，看到狗狗過於興奮時，也應暫時無視直到狗狗冷靜下來。

2

對聲響感到過度恐慌

高齡犬有時對較大的聲響或沒見過的事物，會表現出強烈的恐懼。這時飼主若大聲呼喊狗狗，反而會使狗狗更無法冷靜。所以狗狗陷入恐慌時，飼主不妨先假裝沒看見，等狗狗鎮定下來後再獎勵狗狗。狗狗的恐慌太過嚴重時，飼主也可找醫生商量，請醫生開立適合的藥物。

狗狗不安時就陪在牠身邊

飼主在狗狗不安的時候大聲呼喊，會讓狗狗以為連飼主也很不安。所以這時飼主應保持冷靜，溫柔地陪伴狗狗直到牠們冷靜下來。

3

視力衰退會增加攻擊性

狗狗視力衰退後，比較難注意到他人接近，有時會因驚嚇而攻擊對方，這種情況常見於人類想撫摸狗狗時。所以看到狗狗變得具攻擊性時，飼主應找出原因對症下藥。

有時是不想被觸碰

狗狗可能會因身體疼痛而不想被觸碰，所以飼主發現狗狗對觸摸表現出攻擊性時，應帶其去醫院找出原因。

認識狗狗失智症

現今科學針對狗狗失智症的研究持續發展，未來，說不定有可能會發現狗狗也像人類一樣，有年輕型失智症與阿茲海默症等。

在固定地方繞來繞去

夜嚎

生活日夜顛倒

失智症常見於柴犬以及混有日本犬血統的米克斯。

進入狹窄場所後出不來

常見於受歡迎的長壽犬種

狗上了年紀也可能會罹患失智症，通常會在13～15歲出現徵兆並持續惡化下去。很受人歡迎的柴犬、㹴犬類以及混有日本犬血統的米克斯（較長壽）等，罹患失智症的機率較高。近年狗狗平均壽命增加，失智症發作的比例也隨之提升，所以飼主也要想辦法找出不會對雙方造成太多負擔的照顧方法。由於狗狗愈長壽，失智症發作的機率就愈大，因此請透過「高齡犬失智症檢視表」（P109）確認愛犬的狀態。

高齡犬失智症檢視表

請填寫下列表格後，按照最底下的評分表判斷狗狗的失智程度。

生活規律如何？	□A　白天活動時間減少，睡眠時間增加。
	□B　白天除了用餐時間外幾乎都在睡覺，晚上的活動力較強。
	□C　狗狗呈現B的狀態，且不管飼主怎麼叫都叫不起來。
食慾與排便狀態如何？	□A　食量沒變，但是時不時便秘或腹瀉。
	□B　食量變大了，幾乎不會腹瀉。
	□C　食量大得異常，不會腹瀉。※
排泄狀況如何？	□A　有時候會搞錯排泄場所。
	□B　會隨處排泄，有時也會失禁。
	□C　會邊睡邊排泄。
是否還記得以前學會的指令？	□A　有時候會忘記。
	□B　對特定指令沒有反應。
	□C　幾乎都忘了。
情緒表現與反應如何？	□A　對他人與其他動物的反應比以前遲鈍。
	□B　對他人與其他動物沒反應，只對飼主有反應。
	□C　連看到飼主也毫無反應。
叫聲如何？	□A　叫聲增加，且彷彿要控訴什麼一般。
	□B　叫聲變得單調，開始在半夜嚎叫。
	□C　會在半夜的固定時間嚎叫，完全制止不了。
走路方式如何？	□A　速度比以前慢，有時步伐不穩。
	□B　走路搖搖晃晃，且一下往左一下往右。
	□C　朝著特定方向不斷繞圈。
能夠後退嗎？	□A　闖進狹窄的地方後可以後退，但是有點辛苦。
	□B　闖進狹窄的地方後，就沒辦法退出來。
	□C　狗狗呈現B的狀態，且有時還會被困在空間的直角角落。

※一般狗狗老化之後，消化功能會變差，導致腹瀉。

只有A，或是僅1個B 還沒有失智症	這些情況只是狗狗的正常老化現象，請飼主平常多觸摸狗狗，並提供健康的生活條件。
有兩個以上的B 可能罹患失智症了	這種程度可以說是即將失智了，放著不管可能會出現失智症狀。所以請飼主參考P110，透過生活習慣的改善，以減緩病情惡化的速度。
有1個以上的C 失智症的可能性很大	處於這種狀態的狗狗，很有可能失智症正在惡化中。這時還有機會透過治療改善，所以請儘早找醫生諮詢，改善狗狗的生活習慣。

狗狗罹患失智症時的應對方法

發現狗狗罹患失智症時，身為飼主難免沮喪，但是仍應放鬆自己的心情，才能提供不會對雙方造成負擔的照護。

整頓生活規律與環境

狗狗失智症發作後，學習能力與適應能力會漸漸衰退，但是只要維持原本的生活規律與環境，對飼主來說，就只是回到剛迎來狗狗時的生活罷了。所以請按照狗狗的狀態，整理出舒適的環境吧。目前狗狗的失智症發作機制尚有許多不可解之處，但是獸醫界仍努力找到現階段算是有效的應對方法，例如：避免過度單調的生活、服用延緩病情惡化速度的藥物等。所以請各位先從這些做起吧。

1
藉肢體接觸帶來刺激

飼主生活中與狗狗的肢體接觸，能夠給予適度的刺激。另外，有些狗狗看到飼主時就能夠平靜下來，所以也要想辦法避免讓狗狗感到孤單。

依照體況與醫囑讓狗狗運動

多動動身體有助於活化腦神經細胞，此外，讓狗狗白天能夠照到太陽，有助於避免日夜顛倒。

2
向醫生諮詢用藥或健康食品

有時可藉藥物或健康食品（DHA或EPA）減緩症狀發展速度，降低狗狗的不安。狗狗到處走來走去或夜嚎時，先藉鎮靜劑調整生活規律，就有機會減輕症狀。

捨棄先入為主的觀念

很多人認為藥物對狗狗的身體不好，但是狗狗生病時，就必須藉由藥物或健康食品改善症狀。

3
不要獨自扛下失智症照護的責任

失智症並非一時片刻就能治癒的疾病，必須做好長期抗戰的心理準備。所以飼主不應悶著頭獨自照顧，這樣會導致自己和狗狗壓力都過大。有時也可以將狗狗寄放在動物醫院，讓自己能放鬆片刻。

用兒童泳池解決徘徊問題

將狗狗放在塑膠兒童泳池中，就算徘徊的症狀發作，也不怕狗狗亂繞、撞到家具。

狗狗臥病時①

打造出能夠安心的環境

飼主幫狗狗伸展或按摩時，應同時留意狗狗的狀態，注意不要讓牠疼痛，才不會對狗狗身體造成負擔。

舒展肌肉與關節，維持可動範圍

飼主應積極幫狗狗伸展或按摩，才能夠維持關節機能。狗狗的腰腿肌力衰退時（尤其是大型犬或腿較長的犬種），就難以自行站立。如果狗狗在外力幫助下還可行走時，就應盡量幫助狗狗維持能站能走的狀態，減緩肌力衰退的速度。

就算狗狗已經整天只能躺著，飼主也應幫助狗狗翻身或伸展，以舒展肌肉與關節，盡力確保關節的可動範圍。

1

睡床要放在熟悉的場所

飼主應盡量別更動狗狗睡床的位置，才能讓狗狗安心。另外，將睡床擺在可以看見家人的地方，也能夠增加狗狗的安全感。

有助於及時應變

讓狗狗睡在家人視線所及之處，也有助於飼主及時處理所有狀況。

2

適度回應狗狗的要求

狗狗身體愈來愈難使喚時，心情就會格外不安，有時也會汪汪叫著提出要求，例如：希望飼主扶自己站立、想吃東西或喝水等。如果狗狗總是在正餐之外的時間要求食物，飼主不妨將原本的正餐分成少量多餐的方式給予。

交流也是很重要的

整天躺著的高齡犬容易感到不安，所以飼主更應努力與狗狗交流，緩解狗狗的不安。

3

藉按摩促進血液循環

大型犬整天躺著時，四肢容易水腫，關節與肌肉也會容易僵硬。這時建議飼主從狗狗腳尖開始，循序漸進地輕輕揉往大腿根部。

溫暖關節

用暖墊溫暖狗狗的關節，能夠使動作更流暢，提高按摩的效果，但是按摩後必須適度冰敷。請飼主事前務必徵詢醫生的意見，確認暖墊與冰敷的使用時間。

狗狗臥病時②

每日照護，預防褥瘡

狗狗整天躺著時，飼主必須想辦法幫狗狗預防褥瘡。萬一真的出現褥瘡，則應保護好傷口並維持清潔。

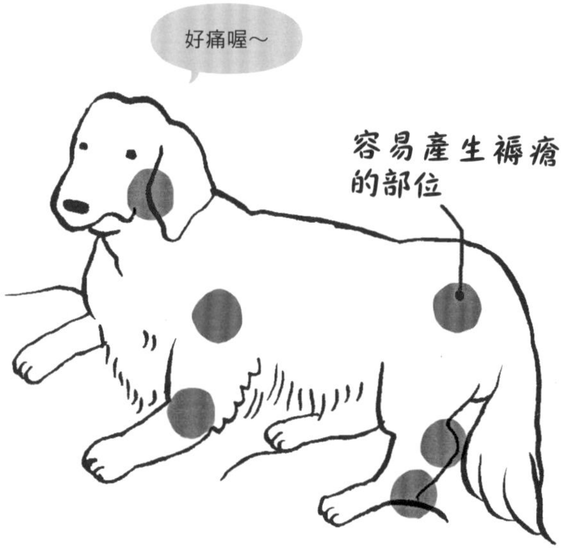

每2～3個小時就幫狗狗翻身一次

狗狗整天躺著的時候，臉頰、肩膀、腳踝、腰部與後腳跟等骨頭突出處，都容易產生褥瘡。想要預防褥瘡，除了定時要幫狗狗翻身以外，也應選擇內裡使用PU材質等具適度彈性的睡床。另外，也可以在容易產生褥瘡的位置，鋪上更軟的墊子或海綿等。

發現狗狗出現褥瘡時，飼主應儘早帶牠去看醫生，避免惡化。

1
翻身①
扶狗狗站立

將狗狗前肢併攏，抬起上半身後，再撐住後肢幫助狗狗站起。

麻煩妳了～。
為中大型犬翻身時，膝蓋必須觸地，才不會對飼主的腰部造成太大的負擔。

2
翻身②
飼主身體打直，抱起狗狗

雙手穩穩環過狗狗的身體，讓狗狗四肢下垂，並將牠抱起。這時飼主的身體應打直，才不會對自己的腰部造成負擔。

這時讓狗狗的身體緊貼自己的胸腹，才能夠穩穩抱住。

3
翻身③
緩緩地放回睡床

轉換好方向後，再將懷裡的狗狗緩緩放回睡床側躺。飼主幫助狗狗的翻身過程中不能太過勉強，才能夠避免對雙方造成負擔。

輕鬆多了。
不先抱起狗狗就直接翻身的話，會對飼主的身體造成負擔。

狗狗整天躺著時，睡床的清潔就更加重要，所以千萬不能讓排泄物留在睡床裡。

狗狗臥病時③

排泄照護

立刻清掉排泄物並擦拭狗狗身體

狗狗整天都躺在睡床時，就算只有排出少許排泄物，飼主仍應立刻清掉，以保持狗狗舒適。讓狗狗穿尿布時，若長時間沒換的話，會使狗狗臀部悶熱或是沾上排泄物，事後反而更不好清理。選擇尿墊的話，飼主就可以立刻清掉排泄物並擦拭狗狗身體，比尿布方便許多。狗狗整天躺著時，腸道蠕動就會變差，使狗狗容易便秘。要改善這個問題，飼主應幫狗狗按摩，並提供纖維豐富且水分含量多的食物。

1 在睡床上鋪設尿墊

如果飼主能夠隨時注意狗狗的狀態，就能夠使用尿墊，方便狗狗隨時排泄。尿墊應鋪設在狗狗的下半身，並以狗狗的腰部為中心。

尿墊的鋪設方式

在睡床與尿墊之間，鋪設防水墊或浴巾的話，就能夠讓睡床更乾淨。

2 離開視線時改用尿布

夜間或飼主看不見狗狗時，若使用尿墊的話，狗狗翻動時就會沾到排泄物，所以建議改使用尿布。先將狗狗臀部一帶的毛剃短再包尿布，事後就會比較好清理。

選擇人類專用尿布時

市面上售有犬用尿布，但是若直接使用人類專用尿布時，穿著方向應前後顛倒。

3 藉按摩促進排泄

重病的狗狗會愈來愈難以自行排泄，這時飼主應藉按摩，促進狗狗排便。按摩方法是從腹部一帶，輕輕按往肛門的方向。另外，輕壓狗狗的膀胱處，則有助於促進排尿。

腹部按摩

想要促進狗狗排泄時，飼主可以按摩狗狗的腹部，方向是從腹部輕輕往下腹部的方向前進。

「生命終期」時選擇醫院的方式

狗狗的生命即將走向盡頭時，可能會發生意料之外的事情，所以飼主必須事前預想好各種狀況。

與醫生建立信賴關係

飼主在選擇動物醫院時，在確認醫生是否值得信任之餘，也應考慮到安寧照護階段的需求。

所以平常帶狗狗就診時，就應與醫生多交談，確認彼此是否能順利溝通。此外，愈接近安寧照護的時期，狗狗就愈容易出現緊急狀況（例如：需要在夜間緊急送醫等），所以飼主應事前向醫生確認緊急時的聯絡方式與應變措施，有時醫生也會另外推薦其他夜間急診醫院。飼主必須事前做好準備，才不會在緊急時手忙腳亂。

確認可到府看診的範圍

到府看診可使用的設備有限，能夠提供的服務也跟著受到限制，所以飼主應事前確認適合到府看診的疾病範圍。另外，有些醫院也提供接送的服務。

1

到府看診服務

狗狗整天躺著的話，要帶去看醫生會更困難。如果飼主沒有可以載送的車子，就必須考慮提供到府看診服務的動物醫院。這方面的看診費用，會按照醫院與住宅間的距離而異，所以如果有考慮這個選項，不妨提前諮詢醫生。

2

事先調查好自宅附近能應付緊急狀況的醫院

飼主為狗狗選擇的主治醫生所在醫院，可能會與自宅相隔一段距離。所以飼主平常仍應打聽好離家近的動物醫院，以便緊急時能夠及時處理。

飼主之間的交流

待在動物醫院的候診室時，或許也可以與其他飼主聊聊煩惱並交換資訊。

判斷醫生的標準

飼主為狗狗挑選醫生時，可以將「是否能順利溝通」當作準則。

3

選擇頻率吻合的醫院

狗狗需要照護的時期與生命終期時，飼主希望提供什麼樣的醫療呢？請各位按照自己的想法，選擇與自己理念相近的醫院，以及能夠提供特定醫療的大學醫院等，並在平日就與院方建立好信賴關係。

帶狗狗看醫生不再困難

高齡犬上醫院的機會比年輕時多上許多，所以飼主也應重視這一點，避免對狗狗身體造成負擔。

讓狗狗平時就習慣外出籠

飼主應多發揮巧思，減輕狗狗前往醫院路程中的心理壓力。這時，讓狗狗平時就習慣待在外出籠，就成了必要的準備工作。如果只有要去醫院時，才讓狗狗使用外出籠的話，那麼狗狗每次踏進外出籠都會產生心理壓力。由飼主開車載狗狗去醫院的話，則應將外出籠固定在晃動程度較低的後座，同時也要做好車內溫度※管理，才能夠避免對狗狗的身體造成負擔。

※夏季建議調成約25～26度，冬季為約22～23度。

1 搭電車去醫院時，應避開人潮

飼主帶狗狗去醫院時，若選擇搭乘大眾交通工具，除了一定要放進外出籠外，也要避開上下班時間，才能夠避免造成他人困擾，或是對狗狗帶來精神上的負擔。

即便狗狗是無辜的

電車上可能有怕狗的人，而怕狗的乘客也可能對狗狗帶來心理負擔。為了避免造成雙方的困擾，飼主應極力避開人潮。

外出籠應擺在膝蓋上

請將外出籠放在膝蓋上，才不會造成其他乘客的困擾。此外，將外出籠的開窗處面向自己，狗狗才會比較安心。

2 縮短大型犬的牽繩並握緊

待在動物醫院的候診室時，也要注意相關禮節。例如：若狗狗是無法放進外出籠的大型犬，飼主應縮短牽繩並握緊，才不會嚇到其他狗狗或動物。此外，不論狗狗的體型如何，都不應讓狗狗坐在椅子上。

讓狗狗在車上等待

狗狗只能躺著時，可以試著跟醫院的櫃台人員說一聲，讓狗狗在車上候診，等叫到號碼再進醫院。

開車載狗狗時

開車載狗狗去醫院時，應將安全帶穿過外出籠上的提把。此外，車子的正中央搖晃程度，會比副駕駛座還要輕微。

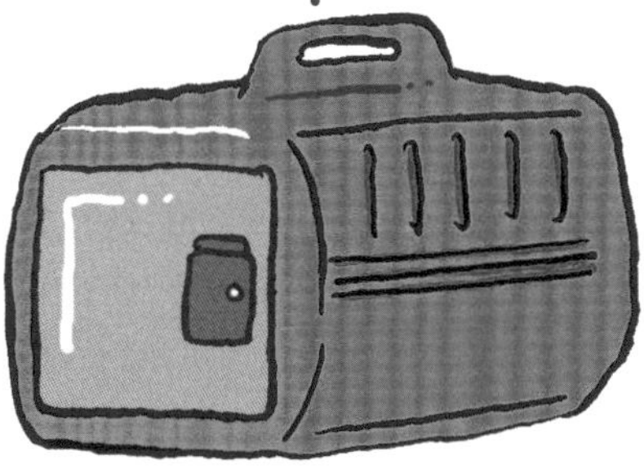

3 建議選擇硬質外出籠

軟質外出籠可能會在行動時壓迫到狗狗，且硬質外出籠比較好固定在車上。

狗狗必須住院時

狗狗生命終期時若需住院，飼主就必須先預想好各種緊急事態。

決定好與醫院的聯絡機制

狗狗進入生命終期時，隨時都有可能發生緊急狀況。狗狗在這段期間住院的話，只要狀況一惡化，飼主就必須立刻趕到醫院，以免見不到狗狗最後一面。所以飼主必須提供動物醫院自己的聯絡方式與手機號碼，以及方便聯絡的其他親友。

此外，飼主迎來狗狗生命終期時，也應想好狗狗心肺停止時，希望院方用什麼方式應對。

1 想好住院的優缺點

狗狗與飼主分開，會產生壓力，但有時則得住院才能提高治療的效果。不管如何，最終都得由飼主來做判斷。

判斷是否住院

住院期間與費用都會隨著狗狗狀態而異。請飼主仔細聆聽醫生說明，細項都確認清楚後再做出決定。

2 想一起放進住院籠的物品

飼主應想辦法讓狗狗待在住院籠時，也能心情平靜。放入狗狗平常在用的毛巾、喜歡的玩具或餐具等沾有自己味道的物品，能夠加強狗狗的安全感。

讓狗狗安心的物品

狗狗住院時該幫牠們帶什麼東西，才能夠讓牠們感到安心呢？飼主平日必須多多觀察，才能夠知道狗狗喜歡些什麼。

3 狗狗住院時的舒壓方式

飼主應在狗狗住院前，向院方確認是否能夠探病？狗狗長期住院時，若狀態不錯的話，能不能回家走走？

傳達愛意給狗狗

狗狗住院時可能會因陌生環境而不安，所以飼主探病時應想辦法讓狗狗感受到自己的愛意。

認識治療的選項

想要積極治療，就必須蒐集正確資訊，從中選擇自己能夠接受的一種。

選擇自己也能夠接受的方法

治病方式五花八門，飼主必須培養出精準的眼光，才能夠從各種資訊中挑出適合自己的。有句話叫做「知情同意（informed consent）」，意思是醫生向飼主充分說明治療相關資訊，飼主再從中選出自己能夠接受的一種，並表示同意。

不得不為愛犬選擇治療方法時，飼主可能會感到迷惘。這時不妨設身處地為狗狗思考，想想如果是自己生病的話，會想接受什麼樣的治療。

1
搜尋「有保障的資訊」

上網搜尋疾病與治療方式時，會得到非常龐雜的資訊。這些資訊可以幫助飼主判斷適合的治療方式，但是還是請盡量參考有根據的資料，例如：有專家監修的書籍等。

不懂就提問

諮詢醫生的時候，除了狗狗的治療方針外，日常照護或安寧照護方面有任何不懂的也都可以提問。

2
抉擇的責任在飼主身上

飼主必須聆聽醫生的說明，或是自己蒐集相關資訊，然後選擇適當的治療方式。這時請審慎思考，選擇能夠說服自己的方式，才不會日後後悔。

手術
放射線
抗癌劑
該選擇哪一種呢？

同意知情的初衷

「同意知情」是為了幫助飼主與醫生達成共識，盡量找出不會後悔的治療方式。

3
諮詢多位醫生

不知道該怎麼判斷治療方式時，也可以多徵詢幾位醫生的意見。想參考其他醫生的看法時，可以表明自己想聽聽其他種意見。

△△
動物醫院
×××
動物醫院
獸醫A
獸醫B
太迷惘了！

帶著所有資料聆聽其他意見

考慮換一間醫院、換一種方式治療時，盡可能帶著之前所有的看診資料前往看診，以利醫生做出最精準的判斷。

設備更完善的動物醫院

擁有精密設備的大學動物醫院或專門醫院，也是狗狗檢查與治療時的一個選項。

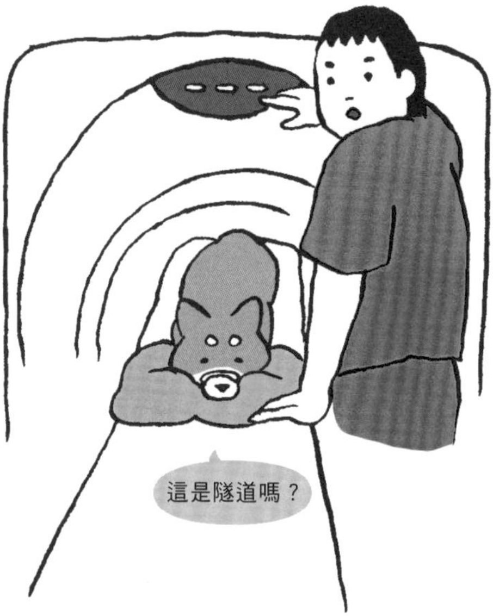

擁有一般動物醫院缺乏的精密設備

有些檢查與治療，可能必須在大學動物醫院或針對該疾病的專門醫院進行。平常往來的醫院設備可能有限，但是狗狗的疾病可能需要動用MRI時，醫生就會幫忙轉介給擁有這些特殊設備的設施。此外，狗狗因為腫瘤而需要放射線治療等高度醫療時，也可能必須前往專攻癌症的動物醫院。像這種在一般動物醫院能力有限時，由醫師推薦轉往的設施，在日本稱為「二次治療設施」。

1 請平常往來的醫生介紹

很多時候都是平常往來的醫生，判斷院內可檢查或治療的範圍有限，才會介紹飼主帶著狗狗前往二次治療設施。前往這些設備更完善的動物醫院，就能夠接受電腦斷層掃描、MRI檢查或放射線治療等。

診療的範圍

這邊要特別留意的是，大學醫院等通常以門診與約診為主，不是每間都能夠應付急症。

2 找平常往來的醫生諮詢

有時也會有飼主主動請醫生推薦，或是為了尋求其他意見而前往二次治療設施。

影像診斷設施

現在也有專門提供MRI與電腦斷層服務的影像診斷中心，因此也可以請平常往來的醫生介紹。

3 在預約時間的10～15分鐘前到達

經介紹前往大學醫院或專門醫院，且又是初診的時候，必須填寫一些文件，所以飼主應提早到達，盡可能讓時間充裕一點。

確認就診流程

專門醫院的就診流程與一般動物醫院不同，難免令人感到迷惘。所以事前不妨詢問平常往來的醫生，或是直接上官網確認。

投藥的基本① 錠劑

1
打開嘴巴

單手抬起狗狗的上顎，讓狗狗的嘴巴往上抬之後，另一手再將下顎往下扳，讓狗狗的嘴巴打開。

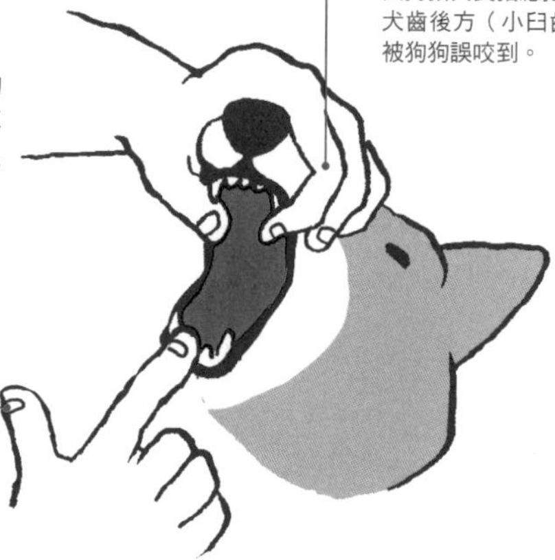
大拇指與食指應抵在狗狗的犬齒後方（小臼齒），避免被狗狗誤咬到。
飼主應先修剪好指甲。

2
將藥投進口中

為了避免狗狗吐出藥物，飼主應盡量丟深一點。如果能夠擺在狗狗舌根處，就能夠吞得更順暢。

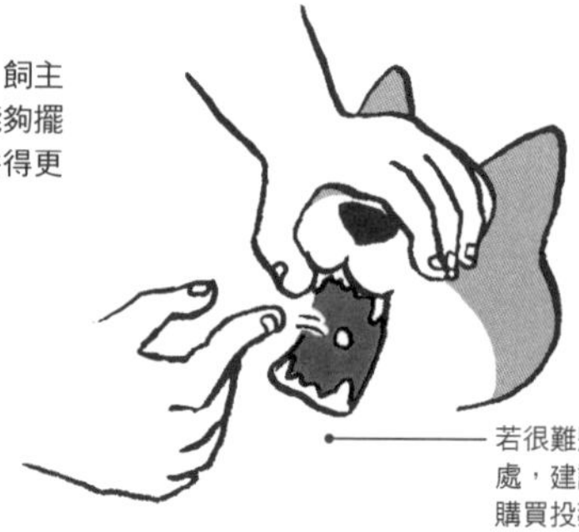
若很難將手伸進狗狗嘴巴深處，建議飼主從動物醫院等購買投藥器（餵藥器）。

3
幫助吞嚥

投入藥物後就可以讓狗狗閉上嘴巴，並確認狗狗是否確實吞下。在狗狗閉上嘴巴後，飼主用手輕輕摩擦狗狗的喉嚨，會更有效果。

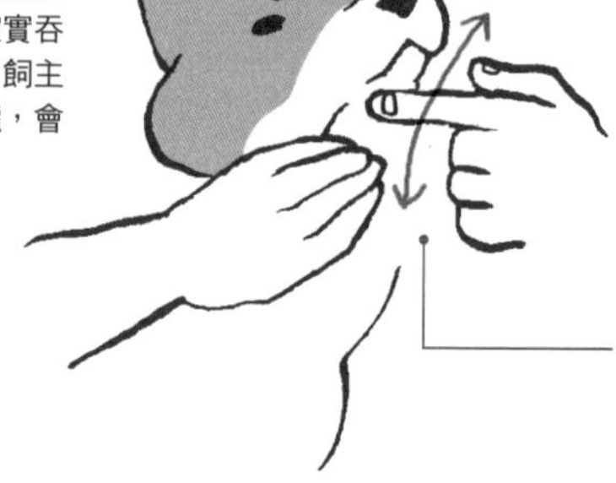
完成本書P128～P131介紹的投藥方式之後，都應好好獎勵狗狗。此外，狗狗討厭投藥時，飼主就應儘快熟悉投藥技巧，屢屢失敗的話也可以找醫生確認方法。
難以打開狗狗的嘴巴時，千萬不能太過強硬。建議使用磨粉器等，將藥物磨細後拌入食物中，或是藏在狗狗喜歡的零食裡。

投藥的基本② 藥水

1 準備好藥水

液體狀的藥物建議使用無針的注射器餵食。像圖示般握住注射器，就能夠順利餵藥了。

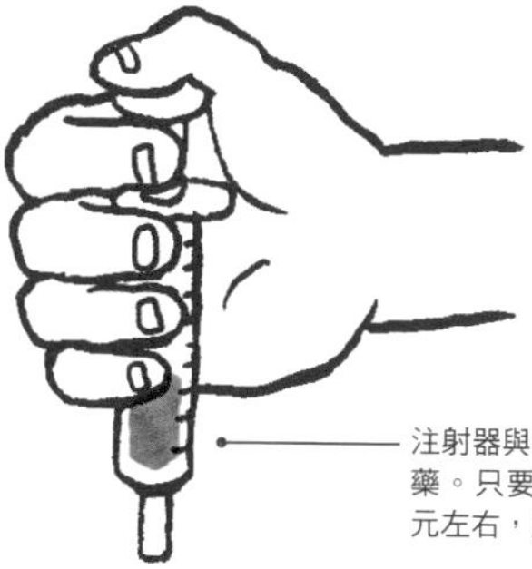

注射器與滴管都可以用來餵藥。只要花新台幣10～50元左右，即可買到注射器。

2 打開嘴巴

餵食藥水時，不用將狗狗的嘴巴打得太開。這時只要拉起狗狗的嘴邊皮膚，讓嘴巴半開就可以了。

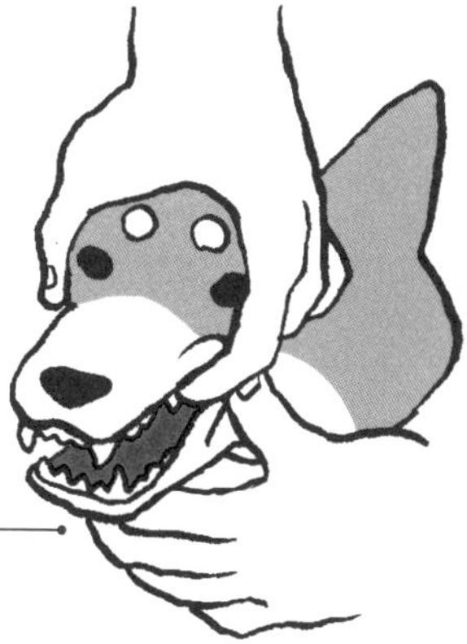

應先在注射器中裝好藥水，再打開狗狗的嘴巴。

3 將藥水餵入口中

將注射器的尖端塞進犬齒後方，或是嘴巴側邊的縫隙等，緩緩打入藥水。

餵食藥粉（或將藥錠磨碎）時，可以先用開水溶解後，再用注射器餵食。

投藥的基本③

眼藥水

1
準備好眼藥水

單手穩穩撐住狗狗的下顎，抬起狗狗的臉。

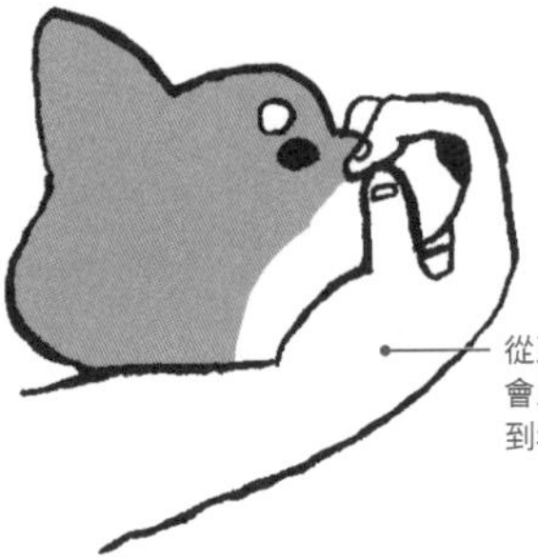

從正面點眼藥水的話，狗狗會感到害怕，所以請飼主繞到狗狗的身後。

2
滴入眼藥水

用拿著眼藥水的這隻手，輕輕掀起狗狗的眼皮。眼藥水直接滴在眼黑部份（角膜）會過度刺激，所以應滴在眼白部份。

請注意別讓容器尖端碰到狗狗的眼睛。

點完眼藥水後，讓狗狗維持仰臉一下子，避免藥水溢出。

3
點完眼藥水之後

點完眼藥水後，應溫柔地闔上狗狗的眼皮，並幫助狗狗眨眼2～3次，加速藥水吸收。

用紗布擦掉溢出的眼藥水。

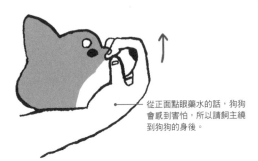

投藥的基本②
皮下輸液

1
準備好點滴

先決定好要刺入注射針的位置。這時應選擇後頸根部，皮膚較多處。

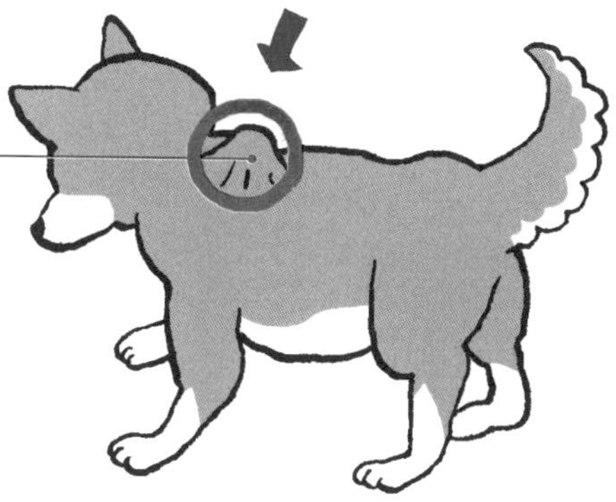
用大拇指與食指的指腹捏住皮膚，並往上提起。

2
插針

緩緩將針刺進皮膚下方，接著就可以開始輸液。一開始的輸液速度，應放得特別慢。

捏住針的根部，以45度角刺入。

3
輸液後的照顧

輸液完畢後，就緩緩拔出針，接著由飼主用力捏住插針處10秒鐘。

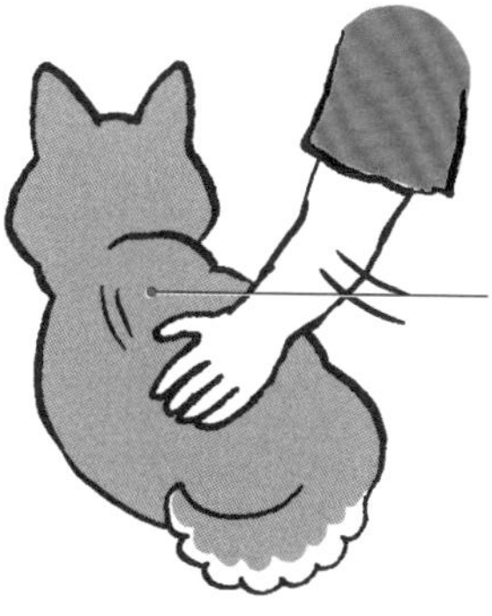
飼主應適度調整捏住的力道，以避免狗狗疼痛。

註：皮下輸液的技術有些難度，所以必須仔細聽完醫生說明，再決定是否要自行為狗狗輸液。

狗狗的醫療費非常昂貴？

狗狗的醫療費最高可能達新台幣數十萬元，未購買寵物保險的話，應事先存好醫療基金。

可以考慮購買寵物保險※

寵物不像人類有保障所有人醫療權利的全民健康保險。人類看病時的自付額約2～3成，飼主沒有為寵物購買保險時，自付額就是10成。有些疾病或療法的所需費用非常昂貴，且狗狗上了年紀後需要的醫療費也會大幅增加。所以建議飼主在狗狗需要照護之前，就先存好醫療基金。此外，購買民間業者提供的寵物保險（P133），也有機會減輕負擔。

※譯註：目前台灣寵物險幾乎全面停售，且沒有保障終身。

考慮寵物保險

寵物終身保險在日本愈來愈多，及早購買的話就能夠在狗狗上了年紀時獲得理賠。

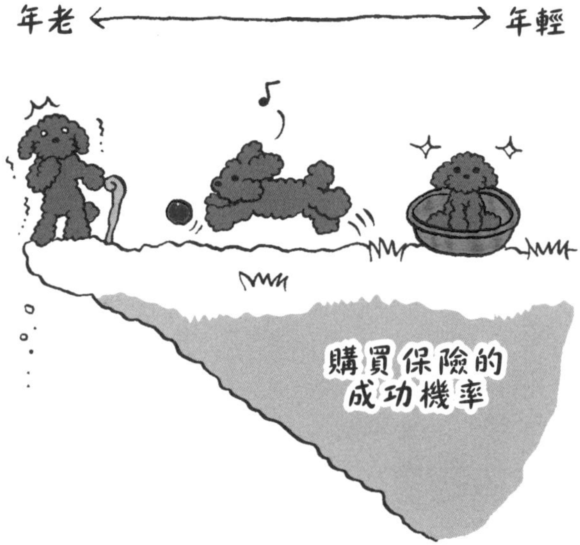

保險有年齡限制與健康條件限制

日本的產險公司與少額短期保險公司售有寵物險產品※，能夠用保險金支付狗狗的醫療費，但是醫療費的理賠比例與內容依方案而異。不管是哪一種，都針對購買時的狗狗年齡、健康條件有所限制，且幾乎都拒絕高齡犬與病犬。所以有意購買寵物保險時，應趁狗狗年輕時儘早研究。

寵物保險的保險金理賠主要有兩種，一種是在動物醫院結帳時就會扣除，另外一種則是飼主日後再自行持單據申請。

※日本有統計數據顯示，平均1年的寵物保險費用約35,000日幣。

COLUMN

4 善用復健設施

狗狗與人類一樣，上了年紀後身體機能一定會衰退。關節變僵硬的話，行動時就會感到疼痛。所以該怎麼維持狗狗的關節柔軟度與肌肉量，就成了很重要的課題。狗狗接受完椎間盤突出等手術後，不管醫生的技術多麼高超，後續飼主是否認真幫狗狗做復健，仍會對預後造成相當大的影響。

只要狗狗的身體還能動，就應在可行範圍內盡量動。為此，飼主必須讓狗狗從事適當的復健或運動，不能整天躺著不動。此外也可求助動物醫院或寵物復健中心等專業設施，以我經營的醫院「Grace動物醫院」來說，就透過「寵物健康中心」協助狗狗從事各式各樣的復健。例如：用犬用平衡球與平衡板運動鍛鍊狗狗的體幹，另外也會使用懸吊式的繩子支撐狗狗的四肢，並在避免體重對四肢造成負擔的情況下，讓狗狗在「體重免荷立行設備」上走路等。飼主難以在家中幫助狗狗復健時，不妨活用這些復健設施。

第 5 章

狗狗臨終前後
能為牠做的事情 ♥

照護的心理準備①

陪伴愛犬走完最後一程

只要是站在狗狗的角度，充分思考過所做出的一切決定，就絕對不會有錯。所以請各位盡自己最大的能力守護狗狗，避免遺憾。

全家一起討論出的結果，就不需要後悔

當狗狗的生命進入倒數階段時，或許很多人都會感到後悔，認為自己在治療或照護階段應該更努力一點。但是與愛犬長時間生活在一起的飼主，正是最了解愛犬的人。只要是站在愛犬角度所下的決定，都是正確的。決定治療與照護方式之前，先與家人好好商量一番，比較不容易後悔。所以請勇敢面對這件事情，事前想好該怎麼處理。飼主與愛犬的快樂回憶，正是支撐飼主照護狗狗的最大力量。

飼主一臉哀傷的話，狗狗也會感到難過。所以為了狗狗著想，飼主千萬不要太過悲觀，只要溫柔陪伴狗狗就行了。

照護的心理準備②

「等死」的煎熬

別將不安的情緒傳染給狗狗

即使狗狗的生命即將邁入終點，飼主仍非只能乾坐著而已。度過治療期與照護期後，就邁入最終靜靜守護狗狗的階段。看著狗狗的樣子，飼主難免會感到悲傷，但是狗狗總是將飼主的一切看在眼裡，所以也能夠感受到飼主的不安。照護，不僅止於餵藥或手術等治療，還包括後續的一切。所以飼主應為狗狗整理舒適的睡床，努力減輕狗狗的不安，溫柔陪伴狗狗到最後一刻。

生命即將結束的訊號

呼吸變化、失去意識等，都是狗狗臨終的訊號，請飼主敏感察覺這些變化，溫柔守候著狗狗。

陪伴的同時留意臨終的警訊

飼主能夠透過許多警訊，注意到狗狗的生命之火即將熄滅。這時狗狗會無法進食與飲水，呼吸與心跳狀態也會產生變化，最後意識也會逐漸消失。最理想的情況，是狗狗的生命就像即將熄滅的蠟燭，逐漸減弱並緩緩地消失。但是有時狗狗卻會陷入持續不斷的痙攣，因此飼主應做好心理準備。

1 觀察呼吸狀態

飼主應觀察狗狗的呼吸狀態，變得更淺更快或是更深更慢時，狗狗可能就只剩下幾小時的生命了，請珍惜最後的時光吧。

專注觀察

飼主觀察狗狗表情的同時，也應留意呼吸深淺。陪伴狗狗的過程中，建議柔聲呼喚或撫摸狗狗，珍惜最後的時光。

2 胸口鼓動變弱

狗狗的心跳通常會隨著生命接近盡頭而變慢，所以飼主不妨將耳朵貼在狗狗的胸口，聆聽心跳聲的變化。當心跳聲變得微弱緩慢時，就溫柔地陪伴狗狗直到最後一刻吧。

狗狗的心跳

健康狗狗平均每分鐘的心跳數是70～160次（小型犬：60～140次，大型犬：70～180次）。

3 意識逐漸飄遠

狗狗臨終前可能會短暫失去意識，直到真正要離開世間時，就會陷入昏迷狀態，再也不會清醒了。

最後的照護

狗狗陷入昏迷時，飼主還是可以繼續溫柔擁抱著狗狗，輕輕撫摸著牠們，直到狗狗嚥下最後一口氣。

安樂死也是一種選擇

飼主在做選擇時，當然會將狗狗擺第一，倘若抉擇時感到迷惘，就應再仔細想想，日後才不會後悔。

狗狗很痛苦時也可考慮安樂死

狗狗苦於劇烈的疼痛時，有些飼主會選擇安樂死，來幫狗狗解脫。

這時最重要的，就是先確認狗狗是否真的痛苦？有時不管多麼努力照護與治療，都無法幫狗狗擺脫痛苦，讓狗狗連最喜歡的食物都吃不了、反覆著痙攣，或者是苦於呼吸困難。所以在「不會後悔」的前提下，仍可將安樂死列入考慮的選項。

1
由飼主主動提出

醫生通常不會建議安樂死，所以必須由飼主主動做決定。這時請全家人坐下來好好討論，找出大家都能夠接受的方式吧。

蒐集充足的資訊

煩惱時就找多一點人商量，包括醫生與身邊的人。

2
全家人好好討論

下決定時，一定要認真確認每個人的想法，取得所有人的同意。只要有一個人反對，就絕對不能採用這個方案。

能夠認同的結論

討論時，每個人都要說出真心話，坦率地表達意見，並努力得出大家都能夠認同的結論。

確認自己的心情

攸關愛犬性命的決定，對飼主來說格外艱難，所以應正視自己的心情，選擇自己能夠接受的決定。

3
迷惘時，絕對不要下決定

不曉得該怎麼辦時，就應避免做決定。在迷惘的狀態下做決定的話，事後很容易感到後悔，覺得「早知道就不這麼做了」。

在醫院迎來生命最後一刻時

飼主應事前與醫生溝通自己的想法，避免對自己無法陪狗狗走完最後一程感到後悔。

事前與院方討論狗狗臨終時的應對方式

狗狗可能在住院期間離開人世，所以飼主必須將狗狗託付給自己信賴的醫生，如此一來，就算見不到最後一面，仍不會後悔。為此，飼主也必須先與醫生商量好住院期間的應對方式，例如：狗狗心肺停止時，是否希望醫生繼續急救？另外也要先確認好狗狗長眠後，飼主能夠在什麼時段前去領回。

珍惜照護的光陰

飼主與愛犬終究得迎來別離，所以應盡量爭取陪伴愛犬的時間。

陪伴狗狗至最後一刻

讓狗狗待在自宅時，飼主就必須對狗狗臨終的警訊格外敏感；讓狗狗住院的話，只要接到狗狗情況不妙的電話就立即趕去，還是有機會見到狗狗最後一面。不管是哪一種狀態，只要發現狗狗的生命之火即將熄滅，飼主就應盡量撫摸、擁抱狗狗，好好地陪伴狗狗。有些狗狗彷彿在等待飼主一樣，會在感受到飼主溫暖的時候，才嚥下最後一口氣。所以請各位飼主守護狗狗到最後一瞬間，才能夠避免遺憾。

將愛犬的遺體打理得乾乾淨淨

雖然為狗狗準備後事非常煎熬，但是為了讓狗狗漂漂亮亮地踏上旅程，飼主仍應將狗狗的遺體打理乾淨。

清理乾淨後再開始準備後事

愛犬過世後，飼主或許正感到心碎，但是仍不能放著遺體不管，所以請在能力所及的範圍下，處理好狗狗的後事。畢竟是長年相伴的愛犬，就讓狗狗以乾乾淨淨的模樣迎來葬禮吧。

首先請為狗狗擦掉唾液、眼屎與耳垢等髒汙。有時狗狗的尿液會在過世後排出，所以臀部也應擦拭乾淨。狗狗帶給我們無數寶貴、無可替代的回憶，所以請以感謝的心情為狗狗準備後事。

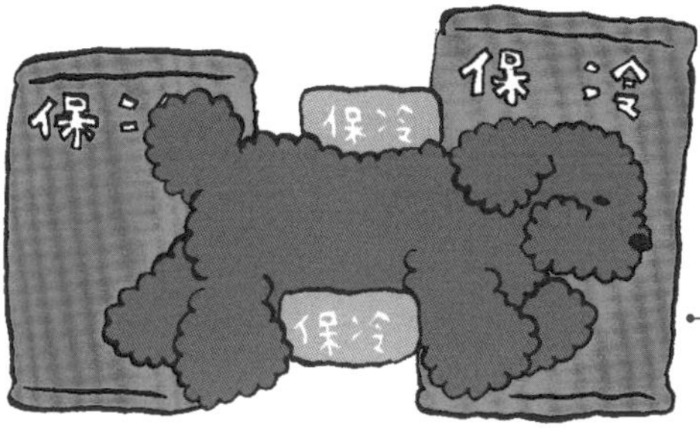

1 準備好狗狗的棺材

將狗狗的遺體清理乾淨後，就安置在準備好的箱子裡。尚未將狗狗送到寵物殯葬設施之前，應在箱中放置保冷劑，以避免遺體受損。

狗狗過世後應立刻執行的工作

飼主應趁狗狗的身體還溫暖時，將四肢稍微彎向胸口。如果狗狗的四肢已經僵硬，則可緩緩摩擦四肢後再輕柔折向胸口。

2 一起放進棺材中的物品

先在箱中鋪好狗狗生前在用的毛巾等，再擺上狗狗喜歡的物品或玩具。如果選擇的是火葬，則應先拿走塑膠類、金屬類與保冷劑等。

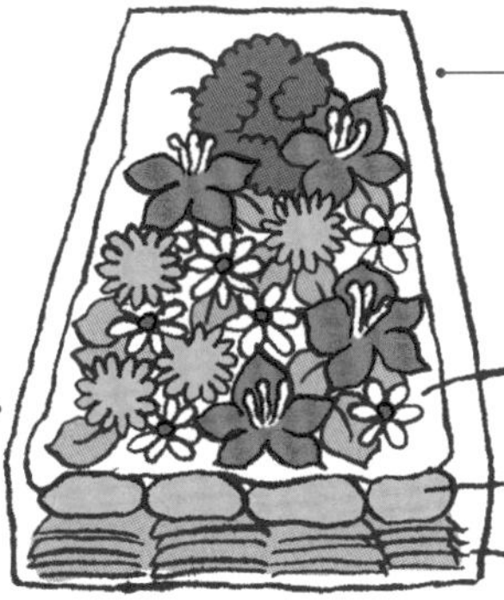

大型犬的棺材

不管狗狗的體型如何，放入棺材中的物品都一樣。但是飼主要準備大一點的箱子，不要硬將狗狗塞進箱中。

棺材的安置

將狗狗的遺體放入箱子後，就應避免受到陽光直曬。自宅沒有空間時，也可詢問寵物殯葬設施是否能夠寄放。

3 醫院提供的服務

狗狗在醫院過世時，院方會先整理好遺體，像是在嘴裡塞入棉花，或是幫狗狗清洗髒污。

在自宅時不用太勉強

狗狗在自宅過世時，飼主應將狗狗的身體擦拭乾淨。情緒真的難以控制時，也可以委託動物醫院代為處理。

關於寵物的葬禮，並沒有嚴格規定哪些事是非做不可。感到煩惱時，不妨找可信任的人商量。

用葬禮送走愛犬

提前蒐集狗狗葬儀相關資訊

不知道該怎麼選擇業者時，不妨向平常往來的動物醫院諮詢。愛犬剛離世時，飼主往往因為太傷心而難以比價，所以建議在這個時刻來臨前，就先做好功課。另外，請熟悉的醫生介紹或是詢問有經驗的親友，都是不錯的方法。

寵物的葬禮與供養並無一定的儀式，最重要的是飼主想怎麼做。

1
委託民間業者

飼主可以委託寵物禮儀公司或寵物樂園火化愛犬，所以應事前確認清楚，才能選出對愛犬與家人最好的方案。

選擇禮儀業者的方法

飼主應仔細聆聽介紹後，再謹慎地為愛犬選擇禮儀業者。費用依方案（犬種、團體埋葬或個別埋葬等）而異，費用從新台幣數千元到數十萬元不等。

2
安葬在自宅

自宅有庭園的話，也可以將愛犬埋葬在此處。將愛犬埋得太淺時，可能會遭烏鴉或其他動物挖出，所以要盡量埋深一點。

火化後再埋葬

直接埋葬的話，氣味可能會飄散到左鄰右舍家中，因此建議先將愛犬火化後再埋葬，或是擺在適當的地方。

3
為寵物除籍

狗狗過世後一個月內，飼主必須前往寵物登記機構（動物醫院等）註銷登記。為寵物除籍時，必須歸還政府發放的頸牌與健康手冊，不慎丟失或想留作紀念時，都可以洽詢辦理單位。

有助於整理心情

沒有為寵物除籍的話，飼主會繼續收到狂犬病疫苗預防注射通知書，反而會令飼主想起愛犬而感到難過，所以辦理除籍也是一種整理心情的好方法。

COLUMN

5 高齡犬美容

飼主不能因為狗狗老了就放棄美容。狗狗的被毛會隨著年齡增長變得稀疏，如果採用與年輕時相同的修剪方法，可能無法像以前那麼漂亮。儘管如此，飼主仍應勤加幫狗狗洗澡並梳去廢毛等，藉由適當的美容維持狗狗的健康，讓室內保持人狗都舒適的環境。

但是有一點必須特別留意，那就是狗狗有心臟病等疾病的時候，病情很有可能在美容過程中惡化，因為洗澡與吹毛等都會對狗狗的心臟或呼吸器官造成負擔。此外，很多狗狗也會在美容時中暑。美容師在美容過程中壓住狗狗的上下顎，也可能會造成顎骨骨折，因為重度的牙周病會使狗狗的顎骨溶解，使骨頭變得很脆弱。

由此可知，為高齡犬美容時必須留意五花八門的狀況。有些動物醫院也有提供美容服務，有熟知犬類疾病的醫生在場，能讓美容更安全。

第 6 章

治癒心靈痛苦

走出喪失寵物症候群的方法

悲傷的時候盡情悲傷，才能夠將與狗狗相處的日常，轉化成美好的回憶，進而走出喪失寵物症候群。

接受狗狗的離世，慢慢地往前邁進

喪失寵物症候群（Pet Loss），指的是飼主因失去寵物而悲傷。要將痛苦的離別轉化為美好的回憶，飼主就必須盡情地發洩悲傷，藉此接受狗狗離世的事實。徹底表現出「悲傷」的同時，與狗狗相處的每一天，就會逐漸轉化成重要的回憶，並成為重新打起精神的契機。

在治療與照護方面沒有遺憾的飼主，鮮少陷入重度喪失寵物症候群。因此，只要在狗狗需要照護時竭盡所能，後續自然能夠擺脫悲傷。

1 任何人都會感到悲傷

現代的社會，愈來愈能夠接納「任何人都會因為寵物過世而悲傷」這種觀念，所以請各位肯定自己的悲傷，了解自己並非異類。

尊重真實的情感

悲傷時就坦率表現出來吧！可以將與愛犬的回憶寫成文章，也可以找人聊聊。

2 不必勉強自己振作

愛犬過世的失落感，可能會對日常生活造成影響。這時不必強打精神，以自己的步調慢慢前進就可以了，有需要的時候，也可以求助心理諮商師。

花點時間慢慢振作

多花點時間恢復精神，遲早有一天能夠將愛犬的一生，轉化成重要的回憶。

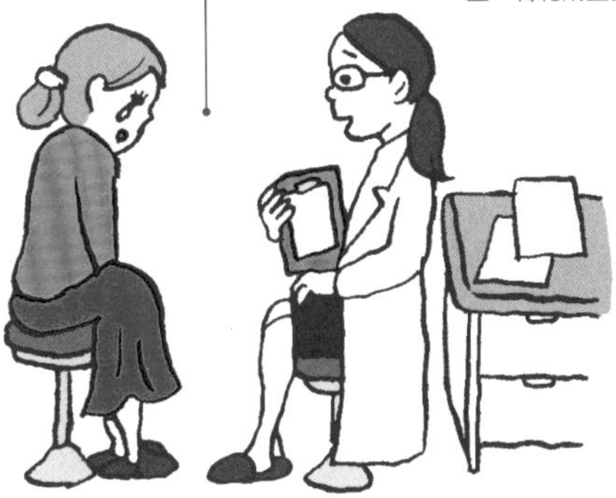

3 找有共鳴的人聊聊

聽聽其他人失去寵物的經驗，互相傾吐自己的回憶，也是整理心情的好方法。與散步時認識的朋友等找到共鳴，或許能夠成為振作的契機。

整理自己的情緒

向他人傾訴自己的悲傷，有助於釐清自己的想法與悲傷的原因。

請按照自己的步調，踏出跨越悲傷的第一步吧。

緩解痛苦的方式

擺脫悲傷，感謝愛犬

守護愛犬直至離世，並盡情發洩悲傷後，就得開始準備接受這份痛苦，並走出喪失寵物症候群。

接受痛苦的方法五花八門，例如：整理狗狗的照片、用狗狗的遺物或毛髮製成紀念品、到狗狗長眠的寵物樂園走走。將狗狗的骨灰放在家裡時，也可以擺上鮮花或供養等。正視自己對狗狗的感謝，也有助於整理情緒。全家人都能夠打起精神，對已逝的愛犬來說，也是最好的安慰。

回憶與愛犬共度的幸福時光

有些飼主會因為離別的痛苦，而抗拒新的邂逅，但是這麼做就太可惜了。所以請先好好回想與狗狗共度的快樂時光吧。

用新狗狗治癒愛犬離世的悲傷

領養新狗狗，也是治療喪失寵物症候群的方法。失去愛犬的悲傷，是無法忘懷或消失的，領養新狗狗時，甚至會衍生出「對不起愛犬」的罪惡感，或是產生「離別太痛苦，所以不想再養寵物」等想法。會有這些想法都很正常，但是有時新的邂逅能夠幫助我們療癒心傷。將離世狗狗化為美好回憶，與新狗狗一起邁向未來，也是一種幸福的形式。

附錄

今天的體況紀錄

年

月

日

星期

體重 kg

體溫 ℃

食量

g

飲水量

ml

尿尿次數．狀態

次數： 次

狀態：顏色→

味道→

排便次數、狀態

次數： 次

狀態：顏色→
硬度→

身體狀態

眼睛：白眼球呈白色・黑眼球不會混濁
眼屎 有・無

鼻子：鼻水 有・無

身體：腰腿→
呼吸→
硬塊→ 有 ・ 無

MEMO

註：發生「從沙發上跌落」或「嘔吐」等異常狀況時，應一併記錄次數與狀況。

附錄

高齡犬標準值數據

這裡介紹的，都是容易表現出狗狗不適項目的正常值，包括體重與排泄狀態等。

體重

過瘦：觸摸身體時，能夠明確摸出肋骨與脊椎。
適中：觸摸身體時，稍微摸得出肋骨與脊椎。
過胖：觸摸身體時，根本摸不出肋骨與脊椎。

體溫

中小型犬：38.6 度～ 39.2 度
大型犬：37.5 ～ 38.6 度

食量

「70 × 體重的75次方」是計算狗狗所需熱量的公式，各位可直接按計算機計算：①將體重相乘3次後，按下「＝」，②按下兩次√￣※，③乘以70後再乘以高齡犬適用的係數1.4。
（例）3 kg→ 225 kcal、4 kg→ 280 kcal、5 kg→ 330 kcal、6 kg→ 375 kcal

飲水量

1日建議飲水量

體重 (kg)	飲水量 (ml)	體重 (kg)	飲水量 (ml)	體重 (kg)	飲水量 (ml)
1	70	11	420	21	690
2	120	12	450	22	700
3	160	13	480	23	740
4	200	14	510	24	760
5	230	15	530	25	790
6	270	16	560	26	800
7	300	17	580	27	830
8	330	18	610	28	850
9	360	19	640	29	880
10	400	20	660	30	900

※維持某種程度的運動，且日常生活不需要照護的狗狗。係數依運動量而異，範圍落在8～1.4之間。

排泄次數・狀態

排尿次數：24小時內1次以上

排便次數：1天1～3次（依運動量而異）

尿液狀態：顏色→透明的黃色

糞便狀態：顏色→牛奶巧克力般的顏色

硬度：不會太軟或太硬，大約與狗飼料差不多

身體狀態

眼睛：白眼球沒有黃疸、黑眼球沒有白色混濁物（P60、62）

鼻子：沒有流鼻水或鼻血（P66、68）

身體：咳嗽→沒有咳嗽或是用嘴巴呼吸（P78、80）

被毛：沒有左右對稱的掉毛現象（P72）

腰腿：沒有拖著後腿、走路時頸部或腰部不會上下擺動（P86）

沒有硬塊（P94）

後記

日本的少子高齡化問題並不僅止於人類。或許很多人都不曉得，狗狗的世界也急遽邁向少子高齡化。雖然日本飼養小狗的家庭減少，令人感到遺憾，但是飼主的愛延長了狗狗的壽命，也是毋庸置疑的事實。

健康壽命這個詞彙，在人類醫療中的定義為「日常生活沒有因健康問題而受限的期間」，目前也開始用在狗狗身上。不論是動物或人，高齡醫療的目標之一，就是延長健康壽命。苦於文明病等各式疾病存活的狗狗並不罕見，但是這並非因為狗狗的文明病增加，相反地，正是因為人們開始讓狗狗接受定期健康檢查，早期發現疾病，勇敢面對狗狗的疾病之餘，也藉由醫療延長愛犬壽命之故。

我和我的家人們也有數次類似的經驗——情同家人的寵物身上出現了異狀，令人不得不意識到「照護」的問題。這種悲傷的局面有時只會維持幾個月，有時則會拖上數年，但是飼主也因此擁有更多思考的時間。

殘酷的現實，讓人難以在照護過程中絲毫不留遺憾。我在執筆本書時，一起生活13年的貓咪也正準備邁入照護時期。我將個人經驗以及身為獸醫師的經驗，都凝聚在本書，由衷期望能夠對各位帶來幫助。

Grace動物醫院　小林豐和

高齡犬照護指南

出　　版／楓書坊文化出版社
地　　址／新北市板橋區信義路163巷3號10樓
郵政劃撥／19907596 楓書坊文化出版社
網　　址／www.maplebook.com.tw
電　　話／02-2957-6096
傳　　真／02-2957-6435
作　　者／小林豐和
翻　　譯／黃筱涵
內文排版／楊亞容
總 經 銷／商流文化事業有限公司
地　　址／新北市中和區中正路 752 號 8 樓
電　　話／ 02-2228-8841
傳　　真／ 02-2228-6939
網　　址／ www.vdm.com.tw
港澳經銷／泛華發行代理有限公司
定　　價／320元
初版日期／2018年1月

國家圖書館出版品預行編目資料

高齡犬照護指南 / 小林豐和作 ; 黃筱涵譯. -- 初版. -- 新北市 : 楓書坊文化, 2018.01　面 ;　公分

ISBN 978-986-377-326-9 (平裝)

1. 犬 2. 寵物飼養

437.354　　106020729